基礎微分積分学 I
1変数の微積分

中村哲男・今井秀雄・清水 悟 著

共立出版株式会社

序　　文

　本書は共立出版より発行された教科書，解析Ⅰ（微分），解析Ⅱ（積分）をもとに新たに書き換えられた，1変数の微積分を効率よく学ぶための教科書である．基礎微分積分学Ⅱ——多変数の微積分——は本書の姉妹書であり，合わせて微積分学の基礎が学べるように配慮されている．本書では，第1章，第2章は今回全く新たに書き下ろされたものである．

　微分積分学はニュートン，ライプニッツ以来の長い歴史があり，膨大な蓄積があるので，これを基礎的なところから厳密に学ぼうとすると，相当な時間と努力が必要である．しかし，過度の厳密性にこだわらず，高等学校で学んだ微積分の延長として，将来必要な普遍的な微積分の知識を修得することは，理工系の学生にとってそれほど難しいことではないように思われる．

　本書では高等学校のカリキュラムで学ぶ微積分はある程度知っているものとして議論を進める．本文を補うために，付録では，数列や連続関数の基本的性質，定積分や広義積分の収束条件等についてくわしい証明や説明を述べてある．やや高度な積分公式も付録にまとめてあるので利用してほしい．また，積分の問や練習問題には詳細な解答をつけてある．なお，少なからず読者の自由を侵す恐れもあるが，著者としては，次の(1)〜(4)のような順序で本書を読んでいただいたらよいのではないかと思っている．

(1) 難しい定理の証明は後回しにして，定理の内容をある程度理解したら，これを認めた上で，例題に進み，関連する問を解く．
(2) 章末の練習問題を解く．難しい問題にも挑戦する．
(3) 本文にある定理の証明を読んで，定理の内容に対する理解を深める．
(4) 余力があれば，付録にある定理や補題の証明を理解する．

もちろん，(4)の段階まで進めば理想的であるが，少なくとも(2)の段階まではき

ちんと勉強してほしい．

　本書の出版にあたって，共立出版の南條光章，寿日出男両氏に終始お世話になった．ここに記して，心から感謝申し上げたい．

2003 年 9 月

著　　者

目　次

第1章　基礎概念
- 1.1　数列の極限 *1*
- 1.2　関数の極限 *8*
- 1.3　初等関数について *14*
-   　　練習問題1 .... *21*

第2章　微　分
- 2.1　導関数とその計算 *23*
- 2.2　高次導関数 *28*
- 2.3　平均値の定理とその応用 *30*
- 2.4　不定形の極限とロピタルの定理 *34*
- 2.5　テイラーの定理 *39*
- 2.6　関数のテイラー展開 *45*
-   　　練習問題2 .... *48*

第3章　1変数関数の積分
- 3.1　定積分の定義 *50*
- 3.2　不定積分と原始関数 *54*
- 3.3　初等関数の原始関数 *60*
- 3.4　広義積分 *68*
- 3.5　定積分の近似値 *74*
- 3.6　積分の応用 *78*
-   　　練習問題3 .... *83*

付録1 第1, 2章の補遺 *86*
付録2 第3章の補遺 *99*
問と練習問題解答 *114*
索　　引 *137*

第1章 基礎概念

1.1 数列の極限

微分積分で理論的に大切な概念として，極限というものがある．例えば，微分係数や導関数は平均変化率の極限として定義され，定積分や重積分はリーマン和の極限として定義される．その極限について，数列の場合から説明をはじめよう．実数が無限個，順番に与えられたものを（無限）**数列**という．最初に与えた数を a_1，2番目に与えた数を $a_2, \cdots, n$ 番目に与えた数を $a_n, \cdots$ とする数列は $\{a_n\}_{n=1}^{\infty}$，または $\{a_n\}$ と表される．

この実数の列 $\{a_n\}$ を順に追いかけていったとき，それらがある数 A に向かって限りなく近づいていくことが起こることがある．このようなとき A をこの数列の**極限**という．また，数列 $\{a_n\}$ は A に**収束**するともいい，記号で

$$\lim_{n\to\infty} a_n = A \text{ または } a_n \to A \, (n \to \infty)$$

と表す．極限をもつ数列を単に**収束する数列**ともいう．a_n が A に限りなく近づくことは，a_n と A の差 $|a_n - A|$ がいくらでも 0 に近くなることで（ただし，n を先の方の番号にとればであるが），いくらでも 0 に近くなるということは，どのように（小さな）正の数を与えても，$|a_n - A|$ はそれよりも小さくなるということと解釈すると，数列の極限の定義は次のようになる．

定義 1.1 数列 $\{a_n\}$ が A を極限にもつとは，どのように小さな正の数 ε を与えても，番号 n をある（十分大きな）番号 N より先にすると，$|a_n - A| < \varepsilon$ が成り立つことをいう．

例 1.1
$$\lim_{n\to\infty} \frac{n+1}{n} = 1$$

解 直観的には明らかだが，上の定義にあてはめると
$$|a_n - A| = \left|\frac{n+1}{n} - 1\right| = \frac{1}{n}$$
となるから，正の数 ε を与えたとき，$1/n < \varepsilon$ となればよい．よって $N = [1/\varepsilon] + 1$（$[1/\varepsilon]$ は $1/\varepsilon$ の整数部分）とすると，$n \geq N$ で $|a_n - A| < \varepsilon$ が成り立つ．

(注意) 上の例で，$\varepsilon = 1/100$ とすると，$(n+1)/n$ と 1 の差を $1/100$ より小さくするには，$n \geq 101$ とすればよい．$\varepsilon = 1/10000$ とすると，$(n+1)/n$ と 1 の差を $1/10000$ より小さくするには，$n \geq 10001$ とすればよいことになる．このように，$(n+1)/n$ と 1 の差はいくらでも小さくできるのである．また，このことを表現したものが極限の定義に他ならない．

例 1.2
$$\lim_{n \to \infty} (\sqrt{n^2 + n} - n) = \frac{1}{2}$$

解
$$\sqrt{n^2 + n} - n = \frac{(\sqrt{n^2+n} - n)(\sqrt{n^2+n} + n)}{\sqrt{n^2+n} + n} = \frac{n}{\sqrt{n^2+n} + n} = \frac{1}{\sqrt{1 + \frac{1}{n}} + 1}$$

から $\lim_{n \to \infty} (\sqrt{n^2+n} - n) = 1/2$ であることは予想できる．これを上の定義に当てはめようとすると
$$0 < \frac{1}{2} - \frac{1}{\sqrt{1 + \frac{1}{n}} + 1} = \frac{\sqrt{1 + \frac{1}{n}} - 1}{2\left(\sqrt{1 + \frac{1}{n}} + 1\right)} < \varepsilon$$

が成り立つように n を定めなくてはならない．右辺の分母 $2(\sqrt{1+1/n}+1)$ は 4 以上だから，分子 $\sqrt{1+1/n}-1$ が 4ε より小さくなればよい．これは $n > 1/8(2\varepsilon^2 + \varepsilon)$ であれば成り立つ．よって $N = [1/8(2\varepsilon^2 + \varepsilon)] + 1$ とすればよい．

(注意) 数列の極限を上の定義にあてはめて求めようとすると，面倒な計算を伴うことが多い．それは不等式 $|a_n - A| < \varepsilon$ を n について解かなければならなくなるからである（上の例 1.2 で示したようにこの不等式が成立する n の全体を完全に求める必要はないのではあるが）．極限の実際の計算は，直観的にするほうが簡明である．上の極限の定義は**イプシロン—デルタ (ε—δ) 法**といわれるもので，数列の極限のもつ性質を調べるときに用いられる．

代表的な数列の極限を例としてあげてみる．

例 1.3 $|a|<1$ のとき $\lim_{n\to\infty} a^n = 0$ である．

解 直観的には明らか．前の定義にあてはめると，$|a_n - A| = |a^n| < \varepsilon$ となればよいから，$N = [\log_{|a|} \varepsilon] + 1$ にとればよい（これは $\varepsilon < 1$ としての計算である．$\varepsilon \geq 1$ なら $|a^n| < \varepsilon$ はすべての n で成り立つ）．

例 1.4 $a > 0$ のとき $\lim_{n\to\infty} \sqrt[n]{a} = 1$ である．

解 $\sqrt[n]{a}$ は a の n 乗根，すなわち n 乗すると a になる数を表す．$a > 1$ のときをまず考える．$\sqrt[n]{a} > 1$ だから $\sqrt[n]{a} = 1 + h$ とおくと $h > 0$ である．両辺 n 乗して

$$a = (1+h)^n = 1 + nh + \binom{n}{2}h^2 + \cdots + \binom{n}{r}h^r + \cdots + h^n > nh$$

から $0 < h < a/n$ がわかる．この不等式で n を大きくすると，右辺 a/n は 0 に近づくので，h も 0 に近づかなければならない．よって $\lim_{n\to\infty} \sqrt[n]{a} = \lim_{n\to\infty}(1+h) = 1$ である．

$0 < a < 1$ のときは $a = 1/b \, (b > 1)$ とすると，すでに示したことから $\lim_{n\to\infty} \sqrt[n]{a} = \lim_{n\to\infty} 1/\sqrt[n]{b} = 1$ となる．

（注意） この例の解法では「はさみうちの原理」といわれるものと，数列の極限のもつ性質を用いている．これらについては後で解説する．なお，例 1.3 の解では対数関数の知識を仮定したが，四則演算だけで例 1.3 を解くには次のようにすればよい．$0 < |a| < 1$ のとき $|a| = 1/(1+h) \, (h > 0)$ とおくと，例 1.4 のように $0 < |a^n| < 1/nh$ が得られる．この不等式で n を大きくすると例 1.3 の結論が得られる．

例 1.5 $\lim_{n\to\infty} \sqrt[n]{n} = 1$ である．

解 上の例と同様に $\sqrt[n]{n} = 1 + h$ とおくと $n \geq 2$ では $h > 0$ である．両辺 n 乗して

$$n = (1+h)^n = 1 + nh + \binom{n}{2}h^2 + \cdots + \binom{n}{r}h^r + \cdots + h^n > \frac{n(n-1)}{2}h^2$$

だから $0 < h < \sqrt{2/(n-1)}$ となる．この不等式で n を大きくすると，右辺 $\sqrt{2/(n-1)}$ は 0 に近づくので h も 0 に近づく．よって $\lim_{n\to\infty} \sqrt[n]{n} = \lim_{n\to\infty}(1+h) = 1$ である．

例 1.6 a を定数とすると，$\displaystyle\lim_{n\to\infty}\frac{a^n}{n!}=0$ である．

解 数列の番号の n は限りなく大きくするのだから，いつかは $M=[|2a|]$ よりも大きくなる．そのようなときを考えよう．
$$\frac{|a^n|}{n!}=\frac{|a|}{1}\times\frac{|a|}{2}\times\cdots\times\frac{|a|}{M-1}\times\frac{|a|}{M}\times\frac{|a|}{M+1}\times\cdots\times\frac{|a|}{n}$$
で右辺の後ろの方の因数を考えると $k\geqq M+1=[|2a|]+1$ では $|a|/k<1/2$ となる．よって $|a|^M/M!=K$ とすると，$|a^n|/n!<K(1/2)^{n-M}$ となる．したがって例 1.3 より $\displaystyle\lim_{n\to\infty}a^n/n!=0$ である．

ここまでの極限の例では極限の値が明示できるものであったが，次の例は数列の極限を用いて，新たな数を定義するものである．

例 1.7 $a_n=(1+1/n)^n$ で定めた数列 $\{a_n\}$ は収束する．この極限を e で表し，**自然対数の底**という．

解 数列 $\{a_n\}$ だけでなく，$b_n=(1+1/n)^{n+1}$ で定まる数列 $\{b_n\}$ も同時に考えよう．すべての n について $a_n<b_n$ が成り立つのは明らかである．付録 1 において数列 $\{a_n\}$ は**単調増加数列**（$a_n\leqq a_{n+1}$ がすべての n で成り立つ数列をいう），$\{b_n\}$ は**単調減少数列**（$b_n\geqq b_{n+1}$ がすべての n で成り立つ数列）であることを示す．すなわち，不等式
$$a_1\leqq a_2\leqq\cdots\leqq a_{n-1}\leqq a_n<b_n\leqq b_{n-1}\leqq\cdots\leqq b_2\leqq b_1$$
が成り立つ．これから，数列 $\{a_n\}$ と $\{b_n\}$ が番号 n を大きくするときに互いに近づいてくる数列であることがわかる．さらに
$$0<b_n-a_n=\left(1+\frac{1}{n}\right)^{n+1}-\left(1+\frac{1}{n}\right)^n=\frac{1}{n}\left(1+\frac{1}{n}\right)^n=\frac{1}{n}a_n<\frac{1}{n}b_1=\frac{4}{n}$$
が成り立つから，$\displaystyle\lim_{n\to\infty}a_n$ と $\displaystyle\lim_{n\to\infty}b_n$ はともに存在し，等しいことがわかる．

実際，計算機により $\{a_n\},\{b_n\}$ を $n=10^k\,(k=0,1,2,3,4,5,6,7)$ の場合に（近似）計算すると以下の表のようになり，極限値 e の値が小数点以下，次々に確定していくことがわかる．e の近似値は $e=2.718281828459045235360287\cdots$ である．なお，e は無理数であることが証明されている．

n	$\left(1+\dfrac{1}{n}\right)^n$	$\left(1+\dfrac{1}{n}\right)^{n+1}$	n	$\left(1+\dfrac{1}{n}\right)^n$	$\left(1+\dfrac{1}{n}\right)^{n+1}$
1	2	4	10000	2.7181459	2.7184177
10	2.5937425	2.8531167	100000	2.7182682	2.7182954
100	2.7048138	2.732862	1000000	2.7182805	2.7182832
1000	2.7169239	2.7196409	10000000	2.7182817	2.7182820

数列の極限についていくつかの定理をあげる．証明の一部については付録1を参照せよ．

定理 1.1 数列 $\{a_n\}, \{b_n\}$ が収束し，$a_n \leqq b_n \,(n=1,2,\cdots)$ ならば
$$\lim_{n\to\infty} a_n \leqq \lim_{n\to\infty} b_n$$
である．

証明 $\lim_{n\to\infty} a_n = A$, $\lim_{n\to\infty} b_n = B$ とおく．$A>B$ と仮定して矛盾を導く．$A>B$ ならば $(A-B)/2$ は正の数である．これを ε とおいて極限の定義を用いると，$\lim_{n\to\infty} a_n = A$ から
$$|a_n - A| < \varepsilon \quad (\text{ただし } n \geqq N_1 \text{ のとき})$$
となる番号 N_1 があるはずである．同様に
$$|b_n - B| < \varepsilon \quad (\text{ただし } n \geqq N_2 \text{ のとき})$$
となる番号 N_2 があるはずである．$N = \max(N_1, N_2) = (N_1, N_2$ の大きい方$)$ とすると，$n \geqq N$ では a_n は $A-\varepsilon$, $A+\varepsilon$ の間にあることなどから
$$A - \varepsilon = A - \frac{A-B}{2} = \frac{A+B}{2} < a_n$$
$$b_n < B + \varepsilon = B + \frac{A-B}{2} = \frac{A+B}{2}$$
を得る．これから $b_n < a_n$ となり，仮定 $a_n \leqq b_n$ に反することになる．よって $A \leqq B$ である．

定理 1.2（はさみうちの原理） 数列 $\{a_n\}, \{b_n\}, \{c_n\}$ について $a_n \leqq b_n \leqq c_n$ が常に成り立ち，$\lim_{n\to\infty} a_n = \lim_{n\to\infty} c_n = A$ ならば $\lim_{n\to\infty} b_n = A$ である．

証明 正の数 ε を与えると，$\lim_{n\to\infty} a_n = A$ から
$$|a_n - A| < \varepsilon \quad (\text{ただし } n \geq N_1 \text{ のとき})$$
となる番号 N_1 がある．同様に
$$|c_n - A| < \varepsilon \quad (\text{ただし } n \geq N_2 \text{ のとき})$$
となる番号 N_2 がある．$N = \max(N_1, N_2)$ とすると，$n \geq N$ では
$$A - \varepsilon < a_n \leq b_n \leq c_n < A + \varepsilon$$
から $|b_n - A| < \varepsilon$ が成り立つ．よって $\lim_{n\to\infty} b_n = A$ である．

定理 1.3 $\lim_{n\to\infty} a_n = A$, $\lim_{n\to\infty} b_n = B$ のとき，次が成り立つ．
(1) $\lim_{n\to\infty}(a_n \pm b_n) = A \pm B$, $\lim_{n\to\infty} ka_n = kA$ (k は定数)
(2) $\lim_{n\to\infty} a_n b_n = AB$
(3) $\lim_{n\to\infty} \dfrac{a_n}{b_n} = \dfrac{A}{B}$ （ただし $B \neq 0$ とする）

この定理の証明は付録1を参照せよ．

数列の極限の定義では，極限そのものがわからないと，数列が極限をもつかどうかもわからないことになっている．ところで極限そのものはわからないが，数列が収束するかどうかだけは知りたいときもあろう．数列 $\{a_n\}$ の番号 n を x 座標に，a_n の値を y 座標にとって，座標平面上の点 $(1, a_1), (2, a_2), (3, a_3)$, $\cdots, (n, a_n), \cdots$ を考え，これらを次々に線分で結ぶと，数列が図の折れ線グラフで表される．

極限をもつ数列は，この折れ線グラフの振動の幅が(n を大きくしていくと)，次第に小さくなるものであることは直観的に明らかである．ところで番号 N を1つとると，N 以上の番号のところでの振動の幅は $|a_n - a_m|(n \geq N, m \geq N)$ の

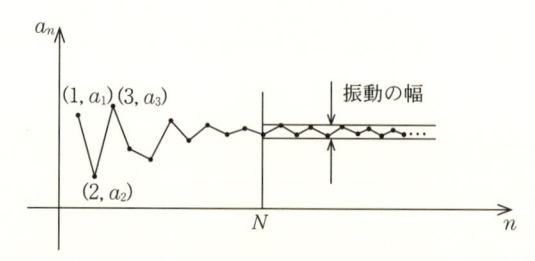

図 1.1

最大値（のようなもの）だから，これが 0 に近づいていく数列が「収束する数列」ということになる．これから次の命題が考えられる．この命題は証明しようとすると，同値な他の命題への言い換えしかできないので，公理としてあげることにする．なお付録1の「実数の定義について」を参照せよ．

（公理） 数列 $\{a_n\}$ が収束するための必要十分条件は，どのように（小さな）正の数 ε を与えても，番号 n, m をある（十分大きな）番号 N より先にとれば $|a_n - a_m| < \varepsilon$ が成り立つことである．

（注意1） 上の公理で与えた条件「どのように（小さな）正の数 ε を与えても，番号 n, m をある（十分大きな）番号 N より先にとれば $|a_n - a_m| < \varepsilon$ が成り立つ」をみたす数列を**コーシー（Cauchy）列**（または**基本列**）という．

（注意2） 収束する数列がコーシー列であることは次のように証明できる．$\lim_{n \to \infty} a_n = A$ とする．正の数 ε に対し $\varepsilon/2$ も正の数である．この $\varepsilon/2$ で極限の定義をあてはめると，$|a_n - A| < \varepsilon/2 \, (n \geq N)$ となる N が存在することになる．$n \geq N, m \geq N$ のとき，$|a_n - a_m| \leq |a_n - A| + |A - a_m| < \varepsilon/2 + \varepsilon/2 = \varepsilon$ となるから，$\{a_n\}$ はコーシー列である．逆に「コーシー列は収束する」という部分が，他の命題への言い換えしかできないのである．よって公理はこの主張だけをとりあげても同値である．

問 1.1 一般項 a_n が次の式で与えられた数列 $\{a_n\}$ の極限を求めよ．

(1) $\sqrt{n}(\sqrt{n+k} - \sqrt{n}) \; (k > 0)$ (2) $\dfrac{1^2 + 2^2 + \cdots + n^2}{n^3}$

(3) $\left(1 + \dfrac{k}{n}\right)^n$（$k$ は自然数） (4) $\dfrac{a^n - b^n}{a^n + b^n} \; (a > 0, b > 0)$

(5) $\dfrac{n}{a^n} \; (a > 1)$ (6) $\dfrac{n^k}{a^n} \; (a > 1, \; k$ は自然数$)$

問 1.2 「数列 $\{a_n\}$ が A に収束する」を否定してみよ．

問 1.3 数列 $\{a_n\}$ が収束するとき，その極限はただ 1 つであることを示せ．

問 1.4 $a_n > b_n \, (n = 1, 2, \cdots)$ でも $\lim_{n \to \infty} a_n > \lim_{n \to \infty} b_n$ とは限らない．そのような例をあげよ．

問 1.5 A が無理数のとき有理数からなる数列 $\{a_n\}$ で $\lim_{n \to \infty} a_n = A$ となるものの例をあげよ．

問 1.6 A が有理数のとき無理数からなる数列 $\{a_n\}$ で $\lim_{n\to\infty} a_n = A$ となるものの例をあげよ．

1.2 関数の極限

（1変数の）**関数**とは，変数の値を定めるごとに1つの値を定めるルールのことをいう．変数の値が x のときの関数の値を $f(x)$ や $g(x)$ などで表す．微分積分では，関数の値 $f(x)$ が x を用いた式で表されるものを主に扱う．また関数を一般の変数 x での値 $f(x)$ で代表させて関数 $f(x)$ などと表現したりする．関数 $f(x)$ の定義される変数 x の範囲を**定義域**，変数 x がその定義域を動いたとき，関数の値 $f(x)$ の動く範囲を関数の**値域**という．変数 x に対して値 $f(x)$ はただ1つだけ定まるが，逆に（すべての）値 y に対して $y=f(x)$ となる変数 x がただ1つだけのとき $f(x)$ は**1対1の関数**であるという．

さて，関数 $f(x)$ で a を固定し，変数 x を a に限りなく近づけたとき，関数の値 $f(x)$ がある値 A に限りなく近づいていくことが起こることがある．このようなとき，x を a に近づけたときの $f(x)$ の**極限**は A である（または $f(x)$ は A に**収束**する）といい

$$\lim_{x\to a} f(x) = A \text{ または } f(x) \to A \, (x \to a)$$

などと表す．$f(x)$ が A に限りなく近づくことは，$f(x)$ と A の差 $|f(x)-A|$ がいくらでも0に近くなる（ただし x を a に十分近づければ，であるが）ことである．いくらでも0に近くなるということは，どのように（小さな）正の数 ε を与えても，$|f(x)-A|$ はその ε より小さくなることと解釈できる．また，x を a に十分近づければ，というのは十分小さな正の数 δ をとって $|x-a|$ をその δ よりも小さくすれば，ということであると解釈すると，関数の極限の定義は次のように言いかえられる．

定義 1.2 x を a に近づけたときの $f(x)$ の極限が A であるとは，「どのように（小さな）正の数 ε を与えても（十分小さな）正の数 δ をとれば，$0<|x-a|<\delta$ のとき $|f(x)-A|<\varepsilon$ が成り立つ」ことである．

（注意） 上の定義で，$0<|x-a|$ として $x=a$ を除いたのは，関数の極限は，その点

での値と異なってよいからである*．上の定義は，**イプシロン—デルタ（ε—δ）法**による極限の定義である．数列の場合と同様に，この定義に直接あてはめて極限を求めようとすると面倒な計算になることが多い (不等式 $|f(x)-A|<\varepsilon$ を x について解かねばならない)．この定義は極限の性質を説明するためのものであって，実際の計算は直観的に進めるべきである．

例 1.8 $\lim_{x \to 2}(-2x^3+5x^2-x+3)=-2\times 8+5\times 4-2+3=5$

解 上の計算では，x が 2 に近づけば x^3 は $2^3=8$ に，したがって $-2x^3$ は -2×8 に，また x^2 は $2^2=4$ に，$5x^2$ は 5×4 に近づくなどと考え，さらに，$-2x^3$ は -2×8 に，$5x^2$ は 5×4 に近づくのだから，$-2x^3+5x^2$ は $-2\times 8+5\times 4$ に近づくなどと考えている．これらの推論が正しいことは後の定理で述べる．

上の例から，多項式で与えられる関数の極限値はその点での値と等しいことがわかる．一般に，極限値がその点での値と等しいとき，すなわち

$$\lim_{x \to a} f(x) = f(a)$$

が成り立つとき，関数 $f(x)$ は $x=a$ で**連続**であるという．多項式で与えられる関数はすべての点で連続である．ε—δ 法での連続性の定義は次のようになる．

定義 1.3 関数 $f(x)$ が $x=a$ で連続であるとは，「どのように (小さな) 正の数 ε を与えても，(十分小さな) 正の数 δ をとれば，$|x-a|<\delta$ のとき $|f(x)-f(a)|<\varepsilon$ が成り立つ」ことである．

例 1.9 $f(x)$, $g(x)$ が多項式で，$g(a) \neq 0$ ならば $\lim_{x \to a} \dfrac{f(x)}{g(x)} = \dfrac{f(a)}{g(a)}$ が成り立つ．

解 これは $f(x)/g(x)$ の分母，分子がそれぞれ $f(a)$, $g(a)$ に収束するからである．後述の定理 1.6 を参照せよ．

この例から，多項式 $f(x)$, $g(x)$ により $f(x)/g(x)$ として定まる関数を**有理関数**というが，有理関数はその分母が 0 でない点で連続であることがわかる．

---

*実数の全体は数直線上の点の全体と 1 対 1 に対応する．数をその座標をもつ数直線上の点と同じであるとみなし，数 x というべきところを点 x ということもある．

$f(x)$, $g(x)$ が多項式のとき

$g(a)=0$, $f(a)\neq 0$ のときの $\lim_{x\to a}f(x)/g(x)$ は存在しないことは明らかであろう．

$g(a)=0$, $f(a)=0$ のときの $\lim_{x\to a}f(x)/g(x)$ は次のような計算(分母，分子の因数 $x-a$ の約分) をして求める．

例 1.10 $\lim_{x\to 1}\dfrac{x^3+2x^2-3}{x^2-3x+2}=\lim_{x\to 1}\dfrac{(x-1)(x^2+3x+3)}{(x-1)(x-2)}=\lim_{x\to 1}\dfrac{x^2+3x+3}{x-2}=-7$

上のような計算は多項式と限らない関数でも同様である．

例 1.11 $\lim_{x\to 1}\dfrac{\sqrt{1+x-x^2}-1}{\sqrt{x+3}-2}=-2$

解 $\dfrac{\sqrt{1+x-x^2}-1}{\sqrt{x+3}-2}=\dfrac{(\sqrt{1+x-x^2}-1)(\sqrt{1+x-x^2}+1)(\sqrt{x+3}+2)}{(\sqrt{x+3}-2)(\sqrt{1+x-x^2}+1)(\sqrt{x+3}+2)}$

$=\dfrac{((1+x-x^2)-1)(\sqrt{x+3}+2)}{((x+3)-4)(\sqrt{1+x-x^2}+1)}=\dfrac{-x(\sqrt{x+3}+2)}{(\sqrt{1+x-x^2}+1)}\to -2\,(x\to 1)$

関数の極限を考える際，x が a より大きい値だけをとって a に近づけることもある(例えば $f(x)$ が $a\leq x\leq b$ で定義される場合など)．そのときの極限を**右側極限値**といい，$\lim_{x\to a+0}f(x)$ で表す．また，$\lim_{x\to a+0}f(x)=f(a)$ が成り立つ関数 $f(x)$ は $x=a$ で**右側連続**であるという．同様に，x に a より小さい値だけをとって考えた**左側極限値** $\lim_{x\to a-0}f(x)$ と，**左側連続性**も定義される．$x=a$ で連続であることは，$x=a$ で右側連続かつ左側連続であることである．

変数 x を限りなく大きくすると，$f(x)$ がある値 A に限りなく近づくとき，$\lim_{x\to\infty}f(x)=A$ と表し，x を限りなく小さくすると，$f(x)$ がある値 A に限りなく近づくとき，$\lim_{x\to-\infty}f(x)=A$ と表す．変数を $x=1/t$ とおきかえると

$$\lim_{x\to\infty}f(x)=\lim_{t\to 0+}f\left(\frac{1}{t}\right),\quad \lim_{x\to-\infty}f(x)=\lim_{t\to 0-}f\left(\frac{1}{t}\right)$$

であることがわかる．また，$\varepsilon-\delta$ 法による $\lim_{x\to\infty}f(x)=A$ の定義は次のようになる．

定義 1.4 $\lim_{x\to\infty}f(x)=A$ とは，どのように (小さな) 正の数 ε を与えても，(十

分大きな) 正の数 X をとれば，$x \geq X$ では $|f(x)-A|<\varepsilon$ が成り立つことをいう．

関数 $f(x)$ で変数 x を a に限りなく近づけると，$f(x)$ の値が限りなく大きくなるとき，x を a に近づけたとき $f(x)$ は ∞ に**発散**するといい
$$\lim_{x \to a} f(x) = \infty \quad \text{または} \quad f(x) \to \infty \; (x \to a)$$
と表す．
$$\lim_{x \to a} f(x) = -\infty, \quad \lim_{x \to \infty} f(x) = \infty, \quad \lim_{x \to \infty} f(x) = -\infty$$
なども同様に定義される．

例 1.12 $\displaystyle \lim_{x \to \infty} \frac{3x^4 - x^2 + 2x}{2x^4 + 3x - 4} = \lim_{x \to \infty} \frac{3 - \dfrac{1}{x^2} + \dfrac{2}{x^3}}{2 + \dfrac{3}{x^3} - \dfrac{4}{x^4}} = \frac{3}{2}$

例 1.13 $\displaystyle \lim_{x \to \infty} (\sqrt[3]{x^2 + x^3} - x)$

$\displaystyle = \lim_{x \to \infty} \frac{(\sqrt[3]{x^2+x^3} - x)(\sqrt[3]{(x^2+x^3)^2} + x\sqrt[3]{x^2+x^3} + x^2)}{\sqrt[3]{(x^2+x^3)^2} + x\sqrt[3]{x^2+x^3} + x^2}$

$\displaystyle = \lim_{x \to \infty} \frac{x^2}{\sqrt[3]{(x^2+x^3)^2} + x\sqrt[3]{x^2+x^3} + x^2}$

$\displaystyle = \lim_{x \to \infty} \frac{1}{\sqrt[3]{\left(\dfrac{1}{x}+1\right)^2} + \sqrt[3]{\dfrac{1}{x}+1} + 1} = \frac{1}{3}$

関数の極限に関する定理をいくつかあげておく．

定理 1.4 関数 $f(x)$, $g(x)$ について $f(x) \leq g(x)$ が (a の近くで) 成り立ち，$\displaystyle \lim_{x \to a} f(x)$, $\displaystyle \lim_{x \to a} g(x)$ が存在するならば
$$\lim_{x \to a} f(x) \leq \lim_{x \to a} g(x)$$
である．

定理 1.5 関数 $f(x)$, $g(x)$, $h(x)$ について $f(x) \leq g(x) \leq h(x)$ が (a の近くで) 成り立ち，$\displaystyle \lim_{x \to a} f(x) = \lim_{x \to a} h(x) = A$ ならば $\displaystyle \lim_{x \to a} g(x) = A$ である．

定理 1.6 $\lim_{x \to a} f(x) = A$, $\lim_{x \to a} g(x) = B$ とすると，次が成り立つ．

(1) $\lim_{x \to a} (f(x) \pm g(x)) = A \pm B$, $\lim_{x \to a} kf(x) = kA$ （k は定数）

(2) $\lim_{x \to a} f(x) g(x) = AB$

(3) $\lim_{x \to a} \dfrac{f(x)}{g(x)} = \dfrac{A}{B}$ （ただし $B \neq 0$ とする）

これらの定理の証明は数列のときと同様であるので省略する．

定理 1.7 関数 $f(x)$ が $x = a$ で連続で $f(a) > 0$ ならば，$x = a$ の近くで $f(x) > 0$ が成り立つ．

証明 仮定から $\varepsilon = f(a)/2$ は正の数である．この ε で連続性の定義をあてはめると

$$f(a) - \varepsilon < f(x) < f(a) + \varepsilon \quad (|x - a| < \delta)$$

となる $\delta > 0$ が存在する．$f(a) - \varepsilon = f(a) - f(a)/2 = f(a)/2 > 0$ であるから $a - \delta < x < a + \delta$ のとき $f(x) > 0$ が成り立つ．

数列のときと同様に，関数の極限 $\lim_{x \to a} f(x)$ はその値がわからないと，極限が存在するかどうかもわからないようになっている．極限の値がわからなくても，極限が存在するかどうかだけを知りたいときは，次のように考えればよい．すなわち，極限 $\lim_{x \to a} f(x)$ が存在するための条件は，x を a に近づけていったとき，関数 $f(x)$ の値の振動の幅が限りなく 0 に近づくことであると考えられる．また，正の数 δ をとったとき，$0 < |x - a| < \delta$ での $f(x)$ の振動の幅は $|f(x_1) - f(x_2)|$（ただし，x_1, x_2 は $0 < |x_1 - a| < \delta$, $0 < |x_2 - a| < \delta$ をみたすもの）の最

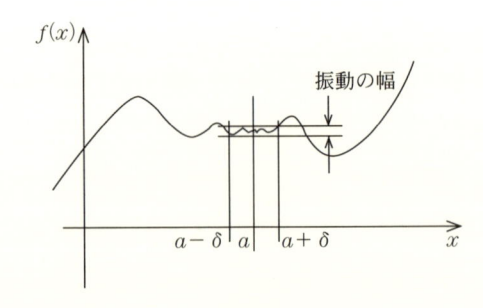

図 1.2

大値のようなものである．

　よって，この振動の幅が(δ を十分小さくすれば)，いくらでも小さくなる(すなわちどのように小さな正の数よりも小さくなる) ことを表すと，次の定理が得られる．

定理 1.8　極限 $\lim_{x \to a} f(x)$ が存在するための必要十分条件は，「どのように(小さな) 正の数 ε を与えても，(十分小さな) 正の数 δ をとれば，$0 < |x_1 - a| < \delta$，$0 < |x_2 - a| < \delta$ である x_1, x_2 に対して $|f(x_1) - f(x_2)| < \varepsilon$ が成立すること」である．

　証明は付録1を参照せよ．

　関数 $f(x)$ がある区間のすべての x で連続のとき，$f(x)$ をその**区間上連続**であるという．

　$a \leqq x \leqq b$ で定まる区間を**閉区間**といい，$[a, b]$ で表し，$a < x \leqq b$ (または $a \leqq x < b$) で定まる区間を**半開区間**といい，$(a, b]$ (または $[a, b)$) で表す．また，$a < x < b$ で定まる区間を**開区間**といい，(a, b) で表す．

　関数が閉区間で連続であるというとき，区間の端点での連続性は右側 (または左側) 連続性をいう．

定理 1.9 (最大値・最小値の定理)　閉区間で連続な関数はそこで最大値と最小値をとる．

　証明は付録1を参照せよ．

定理 1.10 (中間値の定理)　関数 $f(x)$ が閉区間 $[a, b]$ で連続のとき，$f(a)$ と $f(b)$ のあいだの値 α に対して，$f(c) = \alpha$ となる c が $[a, b]$ に (少なくとも1つ) 存在する．

　証明は付録1を参照せよ．

　関数 $f(x)$ が $x = a$ で連続であるとき，(どのように小さな) 正の数 ε に対しても正の数 δ を十分小さくとれば，$|x - a| < \delta$ のとき $|f(x) - f(a)| < \varepsilon$ が成り立つ．ここで，δ は ε だけでなく，a によっても (実は，$f(x)$ によっても) 異

なる値を想定しなければならない．この δ が a の値によらず，考えている区間のすべての a に対して共通に定めることができるとき，関数 $f(x)$ はその区間で**一様連続**であるという．

例えば，$f(x)=1/x$ を $(0,1]$ で考えると，$|x-a|<\delta$ のとき $|f(x)-f(a)|=|1/x-1/a|=|x-a|/xa<\varepsilon$ となることは，$|x-a|<\delta$ のとき $|x-a|<xa\varepsilon$ となることと同じだから，δ は少なくとも $0<\delta<xa\varepsilon<a\varepsilon$ ととらなければならない（実際，$0<\varepsilon<1$ であれば $\delta=a^2\varepsilon/2$ と定めれば十分ではある）．この δ を区間 $[0,1]$ のすべての a に対して共通に定めようとすると，$\lim_{a\to 0}a\varepsilon=0$ から $\delta=0$ となってしまい，正の数 δ はすべての $0<a\leq 1$ に対して共通には定められないことになる．

この例では半開区間で連続な関数を扱ったが，閉区間で連続な関数に対しては次の定理が成り立つ．この一様連続性に関する定理は積分で重要である．

定理 1.11 閉区間で連続な関数はそこで一様連続である．

証明は付録1を参照せよ．

問 1.7 次の極限を求めよ．

(1) $\lim_{x\to 1}\dfrac{x^m-1}{x^n-1}$ （m, n は自然数） (2) $\lim_{x\to 1}\dfrac{\sqrt[m]{x}-1}{\sqrt[n]{x}-1}$ （m, n は自然数）

(3) $\lim_{x\to\infty}(\sqrt{x^2+ax+b}-x)$ (4) $\lim_{x\to 0}\dfrac{\sqrt[3]{1+2x}-\sqrt[3]{1-2x}}{\sqrt{1+3x}-\sqrt{1-3x}}$

1.3 初等関数について

（**代数関数**） 多項式で定まる関数については高等学校で学んだので，説明を省略する．$a_0(x), a_1(x), \cdots, a_{n-1}(x), a_n(x)$ が多項式のとき，条件式 $a_n(x)y^n+a_{n-1}(x)y^{n-1}+\cdots+a_1(x)y+a_0(x)=0$ で定めた関数 $y=f(x)$ を**代数関数**という．有理関数 $y=h(x)/g(x)$ は $g(x)y-h(x)=0$ で定まるから代数関数であり，無理関数 $y=\sqrt[n]{g(x)}$（$g(x)$ は多項式）も $y^n-g(x)=0$ で定まるから代数関数である．変数 x をもとにして四則演算，n 乗根をとる計算を繰り返してできる関数は代数関数である．

（**三角関数**） 微分積分で三角関数を扱うとき，変数 x は角度を表すが，角度

は**弧度法**を用いたものとする．弧度法とは，半径 1 の円の中心角として角度を考え，その大きさを対応する弧の長さで表すものである．半径 1 の円周の長さは 2π であるから $360°$ は弧度法では 2π となる．また，**三角関数** $\cos x$, $\sin x$ は原点を中心とする半径 1 の円周上の，偏角が x の点の x 座標が $\cos x$，y 座標が $\sin x$ で定義されるものである．偏角が x の点と，$x+2k\pi$ ($k=0, \pm 1, \pm 2, \cdots$) の点は一致するから，$\cos x$, $\sin x$ は周期 2π の周期関数になる．$\tan x = \sin x / \cos x$ とおく．$\tan x$ は周期 π の周期関数である．三角関数でよく用いられる公式には，加法定理のほかに

$$\cos^2 x + \sin^2 x = 1, \quad 1 + \tan^2 x = \frac{1}{\cos^2 x}, \quad \cos x = \sin\left(\frac{\pi}{2} - x\right) = \sin\left(x + \frac{\pi}{2}\right)$$

などがある．また，三角関数の微分の計算で次の結果が必要になる．

定理 1.12 $\displaystyle\lim_{x \to 0} \frac{\sin x}{x} = 1$

証明 $0 < x < \pi/2$ のとき，図の $\triangle$OAB，扇形 OAB，$\triangle$OAT の面積について
$$\triangle\text{OAB} < \text{扇形 OAB} < \triangle\text{OAT}$$
が成り立つ．

これから
$$\frac{1}{2} 1^2 \sin x < \pi 1^2 \frac{x}{2\pi} < \frac{1}{2} 1^2 \tan x = \frac{1}{2} \frac{\sin x}{\cos x}$$

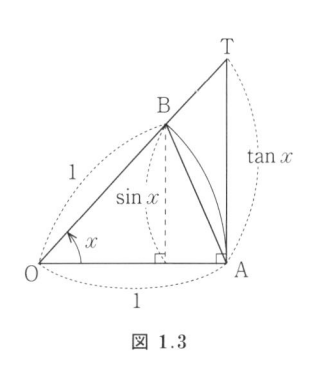

がわかる．よって
$$\cos x < \frac{\sin x}{x} < 1$$

が得られ，この式で $x \to 0$ とすると，はさみうちの原理により
$$\lim_{x \to 0+} \frac{\sin x}{x} = 1$$

を得る．$x < 0$ のときは $x = -y$ とおくと
$$\lim_{x \to 0-} \frac{\sin x}{x} = \lim_{y \to 0+} \frac{\sin(-y)}{-y} = \lim_{y \to 0+} \frac{\sin y}{y} = 1$$

となる．

図 1.3

（指数関数，対数関数） a を 1 ではない正の数とする．a を何回かけたかを表

すものとして
$$a^n = a \times a \times a \times \cdots \times a \quad (n \text{個の積})$$
が定まる．積の個数を数えることにより
$$a^m \times a^n = a^{m+n}, \quad (a^m)^n = a^{mn}$$
が成り立つ．これらの式が常に成り立つように，**指数関数** a^x は定められる．まず $a^0 = 1$ とし（$a^m \times a^n = a^{m+n}$ で $m=0$ としてみよ），n が負の整数で $n=-m$ のとき $a^n = a^{-m} = 1/a^m$ とする（$a^m \times a^n = a^{m+n}$ で $n=-m$ としてみよ）．次に，$x = m/n$ が有理数のとき，a^x は a^m の n 乗根（n 乗すると a^m になる数）と定める（$(a^x)^n = a^{xn}$ で $x = m/n$ としてみよ）．例えば，$a^{1/2} = \sqrt{a}$, $a^{2/3} = \sqrt[3]{a^2}$ などである．

一般に，x が実数のときは有理数の数列 $\{x_n\}$ で極限が x であるものをとり
$$a^x = \lim_{n \to \infty} a^{x_n}$$
と定める．極限が x である有理数の数列は無数にあるから，$\lim_{n \to \infty} a^{x_n}$ が $\{x_n\}$ の選び方によらずに定まることを証明しなくてはならないことになる（ここではその証明は省略する）．例えば，$\sqrt{2} = 1.41421356\cdots$ なので $\sqrt{2}$ に収束する有理数列として「x_n は $\sqrt{2}$ の小数第 n 位以下を切り捨てたもの」とすると
$$x_1 = 1, \quad x_2 = 1.4, \quad x_3 = 1.41, \quad x_4 = 1.414, \quad x_5 = 1.4142, \quad \cdots$$
が考えられる．これに伴って
$$a^{x_1} = a^1, \quad a^{x_2} = a^{1.4} = a^{14/10} = \sqrt[10]{a^{14}}, \quad a^{x_3} = a^{1.41} = a^{141/100} = \sqrt[100]{a^{141}}, \quad \cdots$$
という数列を作り，この極限として $a^{\sqrt{2}}$ が定められるのである．

指数関数はすべての点で連続であり
$$a^x \times a^y = a^{x+y}, \quad (a^x)^y = a^{xy}$$
をみたすことが確かめられる．微分積分では，a に自然対数の底 e を用いた指数関数 e^x が重要である．**対数関数** $\log_a x$ は指数関数 a^x の逆関数である（逆関数の一般論は後述する）．すなわち，1 ではない正の数 a を固定し，正の数 x が a の何乗になるかを定めたものを $\log_a x$ で表す．$a=e$ としたときの対数 $\log_e x$ を**自然対数**といい，$\ln x$ または底を省略して $\log x$ で表す．指数関数の連続性から対数関数の連続性が導かれる．次の極限は指数関数，対数関数の導関数の計算で必要となる．

定理 1.13 $\displaystyle\lim_{x\to\pm\infty}\left(1+\frac{1}{x}\right)^x=e$

証明 $\displaystyle\lim_{x\to\infty}(1+1/x)^x$ について考える．$x>1$ のとき整数 n を $n\leq x<n+1$ となるものにとると

$$\left(1+\frac{1}{n+1}\right)^n<\left(1+\frac{1}{x}\right)^n\leq\left(1+\frac{1}{x}\right)^x$$
$$<\left(1+\frac{1}{x}\right)^{n+1}\leq\left(1+\frac{1}{n}\right)^{n+1}$$

となる．$x\to\infty$ のとき $n\to\infty$ であり

$$\lim_{n\to\infty}\left(1+\frac{1}{n+1}\right)^n=\lim_{n\to\infty}\left(1+\frac{1}{n+1}\right)^{n+1}\left(1+\frac{1}{n+1}\right)^{-1}=e$$
$$\lim_{n\to\infty}\left(1+\frac{1}{n}\right)^{n+1}=\lim_{n\to\infty}\left(1+\frac{1}{n}\right)^n\left(1+\frac{1}{n}\right)=e$$

から $\displaystyle\lim_{x\to\infty}(1+1/x)^x=e$ を得る．$x<0$ のときは $x=-y\,(y>0)$ とおくと

$$\lim_{x\to-\infty}\left(1+\frac{1}{x}\right)^x=\lim_{y\to\infty}\left(1-\frac{1}{y}\right)^{-y}=\lim_{y\to\infty}\left(\frac{y}{y-1}\right)^y$$
$$=\lim_{y\to\infty}\left(1+\frac{1}{y-1}\right)^{y-1}\left(1+\frac{1}{y-1}\right)=e$$

系 1.14 $\displaystyle\lim_{x\to 0}(1+x)^{1/x}=e$

証明 定理 1.13 の式で $x=1/y$ とおけばよい．

系 1.15 $\displaystyle\lim_{x\to 0}\frac{\log(1+x)}{x}=1$（対数の底 e は省略している）．

証明 系 1.14 の式の対数をとればよい．対数関数の連続性は仮定する．

系 1.16 $\displaystyle\lim_{x\to 0}\frac{e^x-1}{x}=1$

証明 系 1.15 の式で $\log(1+x)=y$ とおく．$x=e^y-1$ となる．また $x\to 0$ のとき $y\to 0$ であるから

$$\lim_{x\to 0}\frac{\log(1+x)}{x}=\lim_{y\to 0}\frac{y}{e^y-1}=1$$

この逆数をとれば求める結果である．

(**合成関数**) ここでは関数の値を1つの記号 y, z などで表す．関数 $z=g(y)$, $y=f(x)$ が与えられたとする．変数 x の値に対し y が定まり，その y の値に対し z が定まるから，x によって z が定まることになり，z は x の関数になる．これを**合成関数**といい

$$z=(g\circ f)(x)=g(f(x))$$

と表す．これは $y=f(x)$ を $z=g(y)$ の y に代入したものである．

例 1.14 $z=\sin y$, $y=e^x$ のとき $z=\sin(e^x)$, $z=e^y$, $y=\sin x$ のとき $z=e^{\sin x}$ である．

定理 1.17 関数 $z=g(y)$, $y=f(x)$ に対し，$y=f(x)$ が $x=a$ で連続，$z=g(y)$ が $y=f(a)$ で連続のとき，$z=(g\circ f)(x)$ は $x=a$ で連続である．

証明 $g(y)$ が $y=f(a)$ で連続より $\lim_{y\to f(a)}g(y)=g(f(a))$ が成り立つ．よって正の数 ε を与えたとき，正の数 δ で $|y-f(a)|<\delta$ のとき $|g(y)-g(f(a))|<\varepsilon$ となるものが存在する．この正の数 δ に対して $\lim_{x\to a}f(x)=f(a)$ から，正の数 δ' で $|x-a|<\delta'$ のとき $|f(x)-f(a)|<\delta$ となるものが存在する．このとき，$|x-a|<\delta'$ ならば $|f(x)-f(a)|<\delta$ なので $|g(f(x))-g(f(a))|<\varepsilon$ である．よって $z=(g\circ f)(x)$ は $x=a$ で連続である．

(**逆関数**) 関数 $y=f(x)$ の定義は，x の値に対し，y の値がただ1つ定まることであった．逆に y の値を定めたとき，$y=f(x)$ となる x の値がただ1つだけ存在することが示されると（このような関数を1対1の関数といった），x は y により定まるので，x を y の関数として扱うことができる．これを $x=f^{-1}(y)$ で表し，関数 $y=f(x)$ の**逆関数**という（逆関数 $x=f^{-1}(y)$ では変数が y, 関数の値が x になる．x と y を入れ換えた $y=f^{-1}(x)$ を逆関数ということもある）．

例 1.15 $y=2x-3$ の逆関数は $x=(y+3)/2$ である．

$y=x^3+1$ の逆関数は $x=\sqrt[3]{y-1}$ である．

$y=e^x$ の逆関数は $x=\log y$ である．

次の例のように，y の値に対し x がただ1つ定まるように変数 x に制限をつ

けて逆関数を作ることもある．

例 1.16 $y=x^2\,(x\geqq 0)$ の逆関数は $x=\sqrt{y}$ である．
また $y=x^2\,(x\leqq 0)$ の逆関数は $x=-\sqrt{y}$ である．

（逆三角関数） 例 1.16 のように三角関数についても変数 x に制限をつけて逆関数を作る．

定義 $y=\sin x\,(-\pi/2\leqq x\leqq \pi/2)$ の逆関数を $x=\arcsin y$ で表し，
$y=\cos x\,(0\leqq x\leqq \pi)$ の逆関数を $x=\arccos y$ で表し（x の範囲に注意すること），
$y=\tan x\,(-\pi/2<x<\pi/2)$ の逆関数を $x=\arctan y$ で表す．

すなわち，$x=\arcsin y$ は $-1\leqq y\leqq 1$ である y を与えたとき，$y=\sin x$ となる x を $-\pi/2\leqq x\leqq \pi/2$ で求めたものを表す．

例えば，$\sin(\pi/4)=1/\sqrt{2}$ だから $\arcsin(1/\sqrt{2})=\pi/4$，$\sin(-\pi/6)=-1/2$ だから $\arcsin(-1/2)=-\pi/6$，$\sin(\pi/2)=1$ だから $\arcsin 1=\pi/2$ などとなる．$x=\arccos y$，$x=\arctan y$ についても同様である．

逆関数を $f^{-1}(x)$ と表す仕方から，$\arcsin x$ を $\sin^{-1}x$ と表すこともある．このような表し方をしたときは，逆数と逆関数との区別をする必要がある．
(逆数と逆関数の違いは，三角関数ではわかりにくいので他の例で示すと，$y=x^3$ の逆数は $1/x^3$ で，逆関数は $\sqrt[3]{x}$ である．これらを混同してはいけない)．

逆関数については次の定理が一般に成り立つ．

定理 1.18 $y=f(x)$ を区間 $[a,b]$ 上の**狭義単調増加**な（すなわち，$x<x'$ のとき $f(x)<f(x')$ となる）連続関数で，$\alpha=f(a)$，$\beta=f(b)$ とすると，逆関数 $x=f^{-1}(y)$ が作れ，$[\alpha,\beta]$ 上の狭義単調増加連続関数になる．$y=f(x)$ が**狭義単調減少**（すなわち，$x<x'$ のとき $f(x)>f(x')$ となる）連続関数のときは，逆関数 $x=f^{-1}(y)$ は狭義単調減少連続関数になる．

証明 $y=f(x)$ が狭義単調増加のときを考える．逆関数の存在とそれが狭義単調増加になることは明らかである．$x=f^{-1}(y)$ が $y=d=f(c)$ で連続であ

ることを示す.$a<c<b$ のとき,正の数 ε に対して正の数 δ_1 を $\delta_1=f(c)-f(c-\varepsilon)$ で定めると ($c-\varepsilon<a$ のときは $\delta_1=f(c)-f(a)$ とする)
$$c-\varepsilon<x<c \Longleftrightarrow d-\delta_1=f(c-\varepsilon)<f(x)<d=f(c)$$
から
$$d-\delta_1<y<d \Longleftrightarrow c-\varepsilon=f^{-1}(d)-\varepsilon<f^{-1}(y)<c=f^{-1}(d)$$
がわかる.同様に正の数 δ_2 を $\delta_2=f(c+\varepsilon)-f(c)$ で定めると ($c+\varepsilon>b$ のときは $\delta_2=f(b)-f(a)$ とする)
$$d<y<d+\delta_2 \Longleftrightarrow c=f^{-1}(d)<f^{-1}(y)<c+\varepsilon=f^{-1}(d)+\varepsilon$$
となるので,$\delta=\min(\delta_1,\delta_2)$ とすると $|y-d|<\delta$ のとき $|f^{-1}(y)-f^{-1}(d)|<\varepsilon$ が成り立つ.$c=a$ または $c=b$ のときも同様である.

(初等関数) 代数関数,三角関数,指数関数,対数関数,逆三角関数を元にして関数の四則演算と合成関数を作る計算を何回か行って得られる関数をすべて**初等関数**という.後で述べる微分,積分についていえば,初等関数の導関数は初等関数になる.しかし,初等関数の原始関数は初等関数とは限らない.

問 1.8 次の極限を求めよ.

(1) $\displaystyle\lim_{x\to\infty}\left(1+\frac{k}{x}\right)^x$ (k は定数) (2) $\displaystyle\lim_{x\to 0}\frac{1-\cos x}{x^2}$

(3) $\displaystyle\lim_{x\to 0}x\sin\left(\frac{1}{x}\right)$

問 1.9 次の等式を証明せよ.

(1) $\arcsin x+\arccos x=\dfrac{\pi}{2}$ (2) $\arctan x=\arcsin\left(\dfrac{x}{\sqrt{1+x^2}}\right)$

(3) $\arctan x+\arctan a=\arctan\left(\dfrac{x+a}{1-ax}\right)$ ($x>0,\ a>0,\ ax<1$)

(4) $\sin(\arccos x)=\cos(\arcsin x)=\sqrt{1-x^2}$

(5) $\tan(\arcsin x)=\dfrac{x}{\sqrt{1-x^2}}$

(6) $\arcsin(2x\sqrt{1-x^2})=2\arcsin x$ $\left(|x|\leq\dfrac{1}{\sqrt{2}}\right)$

問 1.10 (1) $y=\dfrac{e^x-e^{-x}}{2}$ の逆関数を $x=g(y)$ の形で求めよ.

(2) $y = \dfrac{e^x - e^{-x}}{e^x + e^{-x}}$ の逆関数を $x = g(y)$ の形で求めよ．

練習問題 1

1.1 数列 $\{a_n\}$ に対して $b_n = \dfrac{a_1 + a_2 + \cdots + a_n}{n}$ とおく．$\lim\limits_{n \to \infty} a_n = A$ のとき $\lim\limits_{n \to \infty} b_n = A$ を示せ．

1.2 $a_n > 0$ とする．$\lim\limits_{n \to \infty} \dfrac{a_{n+1}}{a_n} = A > 0$ のとき $\lim\limits_{n \to \infty} \sqrt[n]{a_n} = A$ を示せ．

1.3 数列 $\{a_n\}$ の一般項を帰納的に次の式で定める．$\lim\limits_{n \to \infty} a_n$ を求めよ．

(1) $a_1 = 1$, $a_{n+1} = \sqrt{2 a_n}$ $(n = 1, 2, \cdots)$

(2) $a_1 = 2$, $a_{n+1} = \sqrt{2 + a_n}$ $(n = 1, 2, \cdots)$

1.4 数列 $\{a_n\}, \{b_n\}$ が

(1) $b_1 < b_2 < \cdots < b_n < a_n < \cdots < a_2 < a_1$

(2) $\lim\limits_{n \to \infty} (a_n - b_n) = 0$

をみたすとき $\{a_n\}, \{b_n\}$ はともにコーシー列の条件をみたすことを示せ．

1.5 $a_1 > b_1 > 0$ が与えられているとする．数列 $\{a_n\}, \{b_n\}$ の一般項を帰納的に $a_{n+1} = \dfrac{a_n + b_n}{2}$, $b_{n+1} = \sqrt{a_n b_n}$ で定める．

(1) $0 < b_1 < b_2 < \cdots < b_n < a_n < \cdots < a_2 < a_1$ を示せ．

(2) $\lim\limits_{n \to \infty} a_n = \lim\limits_{n \to \infty} b_n$ を示せ．

1.6 すべての実数で定義され，$f(x + y) = f(x) + f(y)$ をみたす連続関数 $f(x)$ は，$f(x) = kx$ （k は定数）だけであることを証明せよ．

1.7 区間 $[0, 1]$ で定義され区間 $[0, 1]$ に値をとる連続関数 $f(x)$ に対して $f(c) = c$ となる $0 \leq c \leq 1$ が存在することを示せ．

第2章 微　　分

2.1　導関数とその計算

関数 $f(x)$ で変数 x を a から h だけ変化させると，関数の値 $f(x)$ は $f(a+h)-f(a)$ だけ変化する．関数の変化の量 $f(a+h)-f(a)$ を変数の変化の量 h で割った

$$\frac{f(a+h)-f(a)}{h}$$

を**平均変化率**という．この平均変化率で h を 0 に限りなく近づければ，関数 $f(x)$ の $x=a$ での瞬間の変化率が求まるであろう．これを**微分係数**という．

定義　関数 $f(x)$ に対して

$$\lim_{h \to 0} \frac{f(a+h)-f(a)}{h}$$

が存在するとき，$f(x)$ を $x=a$ で**微分可能**であるという．また，上の極限を $f(x)$ の $x=a$ での微分係数といい，$f'(a)$（または $df/dx(a)$, $df/dx|_{x=a}$ など）で表す．

（注意 1） 微分可能性は次のようにも表せる．すなわち，

$f(x)$ が $x=a$ で微分可能である

$\iff$ 極限 $\lim_{h \to 0} \dfrac{f(a+h)-f(a)}{h}$ ($=A$ とおく) が存在する

$\iff \dfrac{f(a+h)-f(a)}{h}=A+\varepsilon$ とおくと $\lim_{h \to 0} \varepsilon=0$ が成り立つ

$\iff h$ によらない定数 A で $f(a+h)-f(a)=Ah+\varepsilon h$（ただし $\lim_{h \to 0}\varepsilon=0$）となるものが存在する

（注意 2）　以下の図が示すように，微分係数 $f'(a)$ は曲線 $y=f(x)$ の $(a, f(a))$ での接線の傾きを表す．

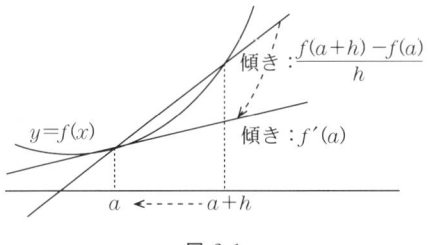

図 2.1

定理 2.1 $f(x)$ が $x=a$ で微分可能であれば,$f(x)$ は $x=a$ で連続である.

証明 $f(x) = \dfrac{f(x)-f(a)}{x-a}(x-a) + f(a) \to f'(a) \times 0 + f(a) = f(a) \; (x \to a)$

$f(x)$ がある区間内のすべての点で微分可能のとき,$f(x)$ はその区間上微分可能であるという.このとき各点 x に対して,その点での微分係数 $f'(x)$ を与える関数が定まる.$f'(x)$ を $f(x)$ の**導関数**という(関数を $y=f(x)$ のように表すときは,導関数は df/dx, $df/dx(x)$, dy/dx, y' のようにも表される).導関数(または微分係数)の計算では以下の定理や公式が用いられる.

定理 2.2 関数 $f(x)$, $g(x)$ が $x=a$ で微分可能のとき
$f(x) \pm g(x)$, $kf(x)$(k は定数),$f(x)g(x)$, $f(x)/g(x)$(ただし $g(a) \neq 0$ とする)も $x=a$ で微分可能で次の式が成り立つ.
(1) $(f \pm g)'(a) = f'(a) \pm g'(a)$, $(kf)'(a) = kf'(a)$ (k は定数)
(2) $(fg)'(a) = f'(a)g(a) + f(a)g'(a)$
(3) $\left(\dfrac{f}{g}\right)'(a) = \dfrac{f'(a)g(a) - f(a)g'(a)}{g(a)^2}$

証明 (1)は省略する.(2)について

$$\begin{aligned}
(fg)'(a) &= \lim_{h \to 0} \frac{f(a+h)g(a+h) - f(a)g(a)}{h} \\
&= \lim_{h \to 0} \frac{\{f(a+h)g(a+h) - f(a)g(a+h)\} + \{f(a)g(a+h) - f(a)g(a)\}}{h} \\
&= \lim_{h \to 0} \left(\frac{f(a+h) - f(a)}{h} g(a+h) + f(a) \frac{g(a+h) - g(a)}{h} \right) \\
&= f'(a)g(a) + f(a)g'(a)
\end{aligned}$$

(3) について

$$\left(\frac{f}{g}\right)'(a) = \lim_{h\to 0}\frac{\frac{f(a+h)}{g(a+h)}-\frac{f(a)}{g(a)}}{h} = \lim_{h\to 0}\frac{f(a+h)g(a)-f(a)g(a+h)}{g(a+h)g(a)h}$$

$$= \lim_{h\to 0}\frac{\{f(a+h)g(a)-f(a)g(a)\}-\{f(a)g(a+h)-f(a)g(a)\}}{g(a+h)g(a)h}$$

$$= \lim_{h\to 0}\frac{\frac{f(a+h)g(a)-f(a)g(a)}{h}-\frac{f(a)g(a+h)-f(a)g(a)}{h}}{g(a+h)g(a)}$$

$$= \frac{f'(a)g(a)-f(a)g'(a)}{g(a)^2}$$

定理 2.3 関数 $y=f(x)$ が $x=a$ で微分可能，関数 $z=g(y)$ が $y=f(a)$ で微分可能のとき，合成関数 $z=(g\circ f)(x)$ は $x=a$ で微分可能で
$$(g\circ f)'(a) = g'(f(a))f'(a)$$
が成り立つ．この等式を
$$\frac{dz}{dx} = \frac{dz}{dy}\frac{dy}{dx}$$
とも表す．

証明 $(g\circ f)'(a) = \lim_{h\to 0}\dfrac{g(f(a+h))-g(f(a))}{h}$ で $f(a+h)-f(a)=k$ とおくと，定理 2.1 より $h\to 0$ のとき $k\to 0$ となる．よって

$$(g\circ f)'(a) = \lim_{h\to 0}\frac{g(f(a+h))-g(f(a))}{h} = \lim_{h\to 0}\frac{g(f(a)+k)-g(f(a))}{h}$$

$$= \lim_{h\to 0}\left\{\frac{g(f(a)+k)-g(f(a))}{k}\cdot\frac{f(a+h)-f(a)}{h}\right\} = g'(f(a))f'(a)$$

定理 2.4 $y=f(x)$ は逆関数 $x=f^{-1}(y)$ をもつとする．さらに $f(x)$ が $x=a$ で微分可能で，$f'(a)\neq 0$ であれば $f^{-1}(y)$ は $b=f(a)$ で微分可能で
$$(f^{-1})'(b) = \frac{1}{f'(a)}$$
が成り立つ．この等式を
$$\frac{dx}{dy} = \frac{1}{dy/dx}$$
とも表す．

証明 $f(a+h)=f(a)+k=b+k$ とおく．$a+h=f^{-1}(b+k)$ である．$b=f(a)$ から $a=f^{-1}(b)$ となる．定理 1.18 から $k\to 0$ のとき $h\to 0$ である．よって

$$(f^{-1})'(b)=\lim_{k\to 0}\frac{f^{-1}(b+k)-f^{-1}(b)}{k}=\lim_{h\to 0}\frac{a+h-a}{f(a+h)-f(a)}$$

$$=\frac{1}{\displaystyle\lim_{h\to 0}\frac{f(a+h)-f(a)}{h}}=\frac{1}{f'(a)}$$

具体的な導関数の公式とその証明をあげておく．

公式 2.1 $(x^n)'=nx^{n-1}$ (n は 0 以上の整数)

証明 $n=0,1,2,3$ のときは高等学校で学んだ．一般の場合には n についての数学的帰納法と定理 2.2 により

$$(x^n)'=(x\times x^{n-1})'=x'x^{n-1}+x(x^{n-1})'=x^{n-1}+x(n-1)x^{n-2}=nx^{n-1}$$

公式 2.2 $(\sin x)'=\cos x,\ (\cos x)'=-\sin x,\ (\tan x)'=\dfrac{1}{(\cos x)^2}$

証明 $(\sin x)'=\displaystyle\lim_{h\to 0}\frac{\sin(x+h)-\sin x}{h}=\lim_{h\to 0}\frac{2\cos\left(x+\dfrac{h}{2}\right)\sin\left(\dfrac{h}{2}\right)}{h}$

$$=\lim_{h\to 0}\left(\cos\left(x+\frac{h}{2}\right)\frac{\sin\left(\dfrac{h}{2}\right)}{\dfrac{h}{2}}\right)=\cos x \quad \text{(定理 1.12 参照)}$$

$(\cos x)'=\displaystyle\lim_{h\to 0}\frac{\cos(x+h)-\cos x}{h}=\lim_{h\to 0}\frac{-2\sin\left(x+\dfrac{h}{2}\right)\sin\left(\dfrac{h}{2}\right)}{h}$

$$=\lim_{h\to 0}\left(-\sin\left(x+\frac{h}{2}\right)\frac{\sin\left(\dfrac{h}{2}\right)}{\dfrac{h}{2}}\right)=-\sin x$$

$(\tan x)'=\left(\dfrac{\sin x}{\cos x}\right)'=\dfrac{(\sin x)'\cos x-\sin x(\cos x)'}{(\cos x)^2}$

$$=\frac{\cos x\cos x-\sin x(-\sin x)}{(\cos x)^2}=\frac{1}{(\cos x)^2}$$

公式 2.3 $(e^x)'=e^x,\ (\log x)'=1/x$ (対数の底は e である)

26　第2章　微分

証明　$(e^x)' = \lim_{h \to 0} \dfrac{e^{x+h} - e^x}{h} = e^x \lim_{h \to 0} \dfrac{e^h - 1}{h} = e^x$ 　（系 1.16 参照）

$$(\log x)' = \lim_{h \to 0} \dfrac{\log(x+h) - \log x}{h} = \lim_{h \to 0} \dfrac{\log\left(1 + \dfrac{h}{x}\right)}{h}$$

$$= \dfrac{1}{x} \lim_{h \to 0} \dfrac{\log\left(1 + \dfrac{h}{x}\right)}{\dfrac{h}{x}} = \dfrac{1}{x} \lim_{k \to 0} \dfrac{\log(1+k)}{k} = \dfrac{1}{x}$$　（系 1.15 参照）

公式 2.4　$(\arcsin x)' = \dfrac{1}{\sqrt{1-x^2}}$, $(\arccos x)' = -\dfrac{1}{\sqrt{1-x^2}}$, $(\arctan x)' = \dfrac{1}{1+x^2}$

証明　$y = \arcsin x$ とおく．$x = \sin y \, (-\pi/2 \leqq y \leqq \pi/2)$ が成り立つ．よって

$$(\arcsin x)' = \dfrac{dy}{dx} = \dfrac{1}{\dfrac{dx}{dy}} = \dfrac{1}{(\sin y)'} = \dfrac{1}{\cos y} \stackrel{\heartsuit}{=} \dfrac{1}{\sqrt{1 - (\sin y)^2}} = \dfrac{1}{\sqrt{1-x^2}}$$

となる．$\stackrel{\heartsuit}{=}$ のところで $-\pi/2 \leqq y \leqq \pi/2$ から $\cos y \geqq 0$ であることを用いた．$(\arccos x)' = -1/\sqrt{1-x^2}$ も同様である．

次に $y = \arctan x$ とおく．$x = \tan y \, (-\pi/2 < y < \pi/2)$ が成り立つ．よって

$$(\arctan x)' = \dfrac{dy}{dx} = \dfrac{1}{\dfrac{dx}{dy}} = \dfrac{1}{(\tan y)'} = \dfrac{1}{\dfrac{1}{(\cos y)^2}} = \dfrac{1}{1 + (\tan y)^2} = \dfrac{1}{1+x^2}$$

公式 2.5　$(x^a)' = ax^{a-1} \, (x > 0, \, a \text{ は定数})$, $(a^x)' = a^x \log a \, (a > 0, a \neq 1, x > 0)$, $(\log_a x)' = \dfrac{1}{x \log a}$

証明　この証明の細部については次の例 2.1 を参照せよ．$x^a = e^{a \log x}$ であるから（両辺の対数が等しい）

$$(x^a)' = e^{a \log x} (a \log x)' = x^a \cdot a \dfrac{1}{x} = ax^{a-1}.$$

$a^x = e^{x \log a}$ であるから $(a^x)' = e^{x \log a} (x \log a)' = a^x \log a$.

最後に $(\log_a x)' = \left(\dfrac{\log x}{\log a}\right)' = \dfrac{1}{x \log a}$

初等関数の導関数はこれらの公式と定理 2.2, 2.3, 2.4 を用いて求められる．特に初等関数の導関数は初等関数である．

例 2.1 定理 2.3 で $z=\sin y$, $y=f(x)$ とすると $z=\sin(f(x))$ について
$$\{\sin(f(x))\}'=\frac{dz}{dx}=\frac{dz}{dy}\frac{dy}{dx}=\cos y\cdot f'(x)=\cos(f(x))\cdot f'(x)$$
となる．同様に $z=y^a$, $y=f(x)$ とすると $z=(f(x))^a$ について
$$\{(f(x))^a\}'=\frac{dz}{dx}=\frac{dz}{dy}\frac{dy}{dx}=ay^{a-1}f'(x)=a(f(x))^{a-1}f'(x)$$
となる．これ以外にも $z=\log y$, $z=e^y$, $z=\cos y$, $z=\tan y$ などとすると
$$\{\log(f(x))\}'=\frac{f'(x)}{f(x)}, \quad (e^{f(x)})'=e^{f(x)}f'(x)$$
$$\{\cos(f(x))\}'=-\sin(f(x))f'(x), \quad (\tan(f(x)))'=\frac{f'(x)}{(\cos f(x))^2}$$
$$\{\arcsin(f(x))\}'=\frac{f'(x)}{\sqrt{1-f(x)^2}}, \quad (\arctan(f(x)))'=\frac{f'(x)}{1+f(x)^2}$$
などがわかる．実際に定理 2.3 を用いる場合はこれらの公式で尽きている．

例 2.2 $(x^x)'=x^x(\log x+1)$

解 $f(x)=x^x$ とおく．$\log f(x)=x\log x$ である．この両辺を微分して
$$\frac{f'(x)}{f(x)}=\log x+1 \text{ よって } f'(x)=f(x)(\log x+1)=x^x(\log x+1)$$
となる．このような計算の仕方を**対数微分法**という（$x^x=e^{x\log x}$ として微分してもよい）．

問 2.1 (1) $\tan x$ の導関数を公式 2.2 のようにではなく，微分係数の定義から求めてみよ．

(2) $(e^x)'=e^x$ と逆関数の導関数の公式から $\log x$ の導関数を求めよ．

問 2.2 次の関数を微分せよ．

(1) $\dfrac{1}{\sin x}$ (2) $\sin\left(\dfrac{1}{x}\right)$ (3) $\sqrt[3]{x^2+1}$ (4) $\log\left(\tan\dfrac{x}{2}\right)$

(5) $\arcsin\sqrt{1-x^2}\,(x>0)$ (6) $\arctan\left(\dfrac{1}{x}\right)$ (7) $\log(x+\sqrt{x^2+1})$

(8) $(\sin x)^{\tan x}$ (9) $(a^x+b^x)^{1/x}\,(a>0, b>0)$

問 2.3 $f(x)$ が $x=a$ で微分可能のとき

$$\lim_{h \to 0} \frac{f(a+h) - f(a-h)}{2h} = f'(a)$$

が成り立つことを示せ．逆に $\lim_{h \to 0} \dfrac{f(a+h) - f(a-h)}{2h}$ が存在しても $f(x)$ は $x = a$ で微分可能とは限らない．そのような例をあげよ．

問 2.4 次の極限を $f(a)$, $f'(a)$ などを用いて表せ．

(1) $\displaystyle\lim_{x \to a} \frac{xf(x) - af(a)}{x - a}$ (2) $\displaystyle\lim_{x \to a} \frac{af(x) - xf(a)}{x - a}$

(3) $\displaystyle\lim_{x \to a} \frac{f(x)^2 - f(a)^2}{x^2 - a^2}$ $(a \neq 0)$

2.2 高次導関数

$f(x)$ の導関数 $f'(x)$ が微分可能であれば，$f'(x)$ の導関数 $f''(x)$ を考えることができる．$f''(x)$（または d^2f/dx^2）を $f(x)$ の **2次導関数** という．一般に $f(x)$ を n 回微分して得られる関数を **n 次導関数** といい，$f^{(n)}(x)$ または d^nf/dx^n で表す．n 次導関数が簡単に求められるものは多くない．

例 2.3 $f(x) = x^a$ $(x > 0)$ のとき $f^{(n)}(x) = a(a-1)(a-2)\cdots(a-n+1)x^{a-n}$, $f(x) = e^x$ のとき $f^{(n)}(x) = e^x$, $f(x) = \sin x$ のとき $f^{(n)}(x) = \sin(x + n\pi/2)$, $f(x) = \cos x$ のとき $f^{(n)}(x) = \cos(x + n\pi/2)$, $f(x) = \log x$ のとき $f^{(n)}(x) = (-1)^{n-1}(n-1)!\, x^{-n}$ である．

解 $f(x) = \log x$ のとき $f'(x) = \dfrac{1}{x} = x^{-1}, f''(x) = -x^{-2}, f'''(x) = 2x^{-3}, \cdots, f^{(n)}(x) = (-1)(-2)\cdots(-(n-1))x^{-n} = (-1)^{n-1}(n-1)!\, x^{-n}$ となる．他についても同様である．

高次導関数について一般に成り立つ関係式は多くない．例えば，$(f(x) + g(x))^{(n)} = f^{(n)}(x) + g^{(n)}(x)$ は明らかであるが，$(f(x)g(x))^{(n)}$ でさえ面倒なことになる．

定理 2.5 $f(x), g(x)$ が n 回微分可能な関数のとき，次の公式が成り立つ．

$$(f(x)g(x))^{(n)} = \sum_{k=0}^{n} \binom{n}{k} f^{(n-k)}(x) g^{(k)}(x)$$

証明 n についての数学的帰納法による. $n=1$ のときは定理 2.2 である. n のとき成立するとして, $n+1$ のとき

$$(f(x)g(x))^{(n+1)} = \left(\sum_{k=0}^{n} \binom{n}{k} f^{(n-k)}(x) g^{(k)}(x)\right)'$$

$$= \sum_{k=0}^{n} \binom{n}{k} (f^{(n-k+1)}(x) g^{(k)}(x) + f^{(n-k)}(x) g^{(k+1)}(x))$$

$$= f^{(n+1)}(x) g(x) + \sum_{k=1}^{n} \binom{n}{k} f^{(n-k+1)}(x) g^{(k)}(x)$$

$$\quad + \sum_{k=0}^{n-1} \binom{n}{k} f^{(n-k)}(x) g^{(k+1)}(x) + f(x) g^{(n+1)}(x)$$

$$= f^{(n+1)}(x) g(x) + \sum_{k=1}^{n} \left\{\binom{n}{k} + \binom{n}{k-1}\right\} f^{(n-k+1)}(x) g^{(k)}(x)$$

$$\quad + f(x) g^{(n+1)}(x)$$

$$= \sum_{k=0}^{n+1} \binom{n+1}{k} f^{(n+1-k)}(x) g^{(k)}(x)$$

例 2.4 定理 2.5 は $f(x)$ または $g(x)$ の一方が多項式のとき, 次のように用いられる. $n \geqq 2$ のとき

$$(x^2 \sin x)^{(n)} = x^2 \sin\left(x + \frac{n\pi}{2}\right) + 2nx \sin\left(x + \frac{(n-1)\pi}{2}\right)$$
$$\quad + n(n-1) \sin\left(x + \frac{(n-2)\pi}{2}\right)$$

解 定理 2.5 を $f(x) = \sin x$, $g(x) = x^2$ として用いる. $g^{(k)}(x) = 0$ ($k \geqq 3$) であるから次のようになる.

$$(x^2 \sin x)^{(n)} = x^2 (\sin x)^{(n)} + \binom{n}{1} (x^2)' (\sin x)^{(n-1)} + \binom{n}{2} (x^2)'' (\sin x)^{(n-2)}$$

$$= x^2 \sin\left(x + \frac{n\pi}{2}\right) + 2nx \sin\left(x + \frac{(n-1)\pi}{2}\right)$$
$$\quad + n(n-1) \sin\left(x + \frac{(n-2)\pi}{2}\right)$$

問 2.5 次の関数の n 次導関数を求めよ.

(1) $\dfrac{1}{\sqrt{x+1}}$ (2) $(\cos x)^2$ (3) $\dfrac{1}{x^2 - x - 2}$ (4) $x^2 \log x$

(5) $x^2 e^x$ (6) $e^x \sin x$ (7) $e^x \cos x$

2.3 平均値の定理とその応用

導関数の性質から関数の性質を調べることができる．理論的根拠となるのは平均値の定理である．次のロールの定理を述べる前に片側微分係数を定義しておく．

$f(x)$ の点 c での**右側微分係数** $f_+{}'(c)$ と**左側微分係数** $f_-{}'(c)$ を

$$f_+{}'(c) = \lim_{h \to 0+} \frac{f(c+h)-f(c)}{h}, \quad f_-{}'(c) = \lim_{h \to 0-} \frac{f(c+h)-f(c)}{h}$$

で定める．もちろん，これらの極限が存在するとき $f(x)$ は**右側微分可能**（または**左側微分可能**）といい，その極限を $f_+{}'(c)$, $f_-{}'(c)$ で表すわけである．$f(x)$ が c で微分可能であれば，$f_+{}'(c) = f_-{}'(c) = f'(c)$ が成り立つ（閉区間の場合，区間の端点での微分可能性は，右側微分可能性または左側微分可能性をいう．これは §2.1 で断るべきであった）．

定理 2.6（ロール (Rolle) の定理） $f(x)$ が $[a,b]$ 上連続，(a,b) 上微分可能で，$f(a) = f(b)$ をみたすならば，$f'(c) = 0$ となる c が (a,b) に（少なくとも1つ）存在する．

証明 $f(x)$ が定数ならばすべての点で $f'(c) = 0$ が成り立つ．$f(x)$ は定数でないとする．$f(x)$ の $[a,b]$ での最大値を M とする．$M > f(a)$ のとき，$M = f(c)$ となる c は $a < c < b$ をみたす（図 2.2 参照）．また $f(c)$ が最大値であることから

$$f_+{}'(c) = \lim_{h \to 0+} \frac{f(c+h)-f(c)}{h} \leq 0, \quad f_-{}'(c) = \lim_{h \to 0-} \frac{f(c+h)-f(c)}{h} \geq 0$$

となる．よって $f_+{}'(c) = f_-{}'(c) = f'(c) = 0$ である．

$M = f(a)$ のときは $f(x)$ の $[a,b]$ での最小値を m とすると $m < f(a)$ である．$m = f(c)$ となる c は $a < c < b$ をみたす．前と同様に $f_+{}'(c) \geq 0$, $f_-{}'(c) \leq 0$ から $f_+{}'$

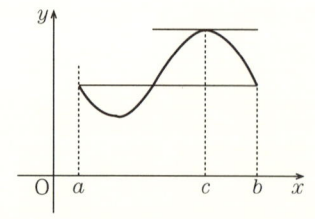

図 2.2

$(c) = f_-'(c) = f'(c) = 0$ を得る.

(注意) ロールの定理は区間 (a, b) に $f(x)$ が微分不可能な点が 1 つでも存在すると成立しない.実際,区間 $[-1, 1]$ で $f(x) = |x|$ を考えれば $f'(c) = 0$ となる c は存在しない.また,ロールの定理で区間の端点での微分係数は結論に現れないので,そこでの微分可能性は不要である.

定理 2.7（平均値の定理） $f(x)$ が $[a, b]$ 上連続,(a, b) 上微分可能ならば
$$\frac{f(b) - f(a)}{b - a} = f'(c)$$
となる c が (a, b) に（少なくとも 1 つ）存在する.

証明 $A = (f(b) - f(a))/(b - a)$ とし,関数 $F(x) = f(x) - f(a) - A(x - a)$ を考えると $F(a) = F(b) = 0$ が成り立つ.よってロールの定理から $F'(c) = 0$ となる $a < c < b$ が存在する.$F'(x) = f'(x) - A$ であるから $f'(c) = A = (f(b) - f(a))/(b - a)$ を得る.

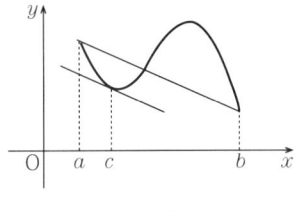

図 2.3

系 2.8 $f(x)$ がある区間 I 上連続,区間の端点を除いたところ I' で微分可能とする.
(1) $f'(x) > 0$ が I' 上成り立てば,$f(x)$ は I 上狭義単調増加である
(2) $f'(x) < 0$ が I' 上成り立てば,$f(x)$ は I 上狭義単調減少である
(3) $f'(x) = 0$ が I' 上成り立てば,$f(x)$ は I 上定数である.

証明 区間 I に 2 点 $x_1 < x_2$ をとり,区間 $[x_1, x_2]$ で平均値の定理を用いると
$$\frac{f(x_2) - f(x_1)}{x_2 - x_1} = f'(c)$$
となる c が $x_1 < c < x_2$ に存在する.
(1) のときは $f'(c) > 0$ であるから $f(x_2) - f(x_1) > 0$ となり,
(2) のときは $f'(c) < 0$ であるから $f(x_2) - f(x_1) < 0$ となり,
(3) のときは $f'(c) = 0$ であるから $f(x_2) - f(x_1) = 0$ となる.よって定理は

示された．

例 2.5 関数 $f(x)=x^3-3x$ の増減を調べよ．

解 $f'(x)=3x^2-3=3(x-1)(x+1)$ である．よって $x<-1$ のとき，$f'(x)>0$ から $f(x)$ は(狭義)増加の状態にあり，$-1<x<1$ のとき，$f'(x)<0$ から $f(x)$ は(狭義)減少の状態にあり，$x>1$ のとき，$f'(x)>0$ から $f(x)$ は(狭義)増加の状態にある（$x<-1$ のとき $f(x)$ は(狭義)増加の状態にあるとしたが，これを $x\leq -1$ のとき $f(x)$ は(狭義)増加の状態にあるとしてもよい）．この結論は次のような表（**増減表**という）にするとわかりやすい．

x	$x<-1$	-1	$-1<x<1$	1	$1<x$
$f'(x)$	$+$	0	$-$	0	$+$
$f(x)$	↗	2	↘	-2	↗

（注意） 上の例で，$x=-1$ の点で $f(x)$ は増加から減少の状態に変わる．このような点で関数は**極大**になるという．また，$x=1$ の点で $f(x)$ は減少から増加の状態に変わる．このような点で関数は**極小**になるという．

$f(x)$ が $x=a$ で極大になるとき，$f(a)$ はその近くで $f(x)$ の最大値になり（すなわち，$f(a)>f(x)$ が $x=a$ の近くで成立する），$f(x)$ が $x=a$ で極小になるとき，$f(a)$ はその近くで $f(x)$ の最小値になる（すなわち，$f(a)<f(x)$ が $x=a$ の近くで成立する）．

極大値や極小値は例 2.5 のように増減表で求められるが，高次導関数を用いて求めることもできる．実際，2 次導関数まで求めると，次のような計算ができる．

$f(x)$ がある区間で 2 回微分可能でその区間の点 a で $f'(a)=0$ となったとする．このとき a の近くで $f''(x)>0$ であれば，$f'(x)$ はそこで増加の状態にあり，かつ $f'(a)=0$ であるから $x<a$ のとき $f'(x)<0$，$x>a$ のとき $f'(x)>0$ となる．よって $f(x)$ は a で減少から増加の状態に変化し，a で極小値をとることがわかる．また a の近くで $f''(x)<0$ であれば，$f'(x)$ はそこで減少の状態にあり，かつ $f'(a)=0$ であるから $x<a$ のとき $f'(x)>0$，$x>a$ のとき $f'(x)<0$ と

なる．よって $f(x)$ は a で増加から減少の状態に変化し，a で極大値をとることがわかる．$f''(x)$ が連続関数であれば a の近くで $f''(x)>0$ であるという条件を $f''(a)>0$ でおきかえてよい．2 次導関数によるこの極値の計算は陰関数の場合に用いられる（II 巻の偏微分法の章を参照せよ）．

関数の増減の計算は，次の例のように不等式の証明にも応用できる．

例 2.6 $x>0$ のとき $x-x^2/2<\log(1+x)<x-x^2/2+x^3/3$ を示せ．

解 左の不等式を示すために
$$f(x)=\log(1+x)-x+\frac{x^2}{2}$$
とおく．
$$f'(x)=\frac{1}{1+x}-1+x=\frac{x^2}{1+x}>0 \quad (x>0)$$
が成り立つ．よって $f(x)$ は $x\geqq 0$ で（狭義）増加の状態にあり
$$f(x)=\log(1+x)-x+\frac{x^2}{2}>f(0)=0 \quad (x>0)$$
が成り立つ．これで左辺の不等式が示された．右辺の不等式は
$$g(x)=x-\frac{x^2}{2}+\frac{x^3}{3}-\log(1+x)$$
とおいて $g'(x)>0\,(x>0)$ を確かめれば左辺と同様にできる．

問 2.6 $x>0$ で次の不等式が成り立つことを示せ．
$$x-\frac{x^3}{3}<\arctan x<x-\frac{x^3}{3}+\frac{x^5}{5}$$

問 2.7 $f(x)=\sin x/x$ は $0<x\leqq\pi/2$ で狭義減少関数であることを示せ．またそこで $2/\pi\leqq\sin x/x<1$ となることを示せ．

問 2.8 (1) $f(x)$ と $g(x)$ は $[0,t]$ で n 回微分可能であり
$$f^{(k)}(0)=g^{(k)}(0)\;(k=0,1,\cdots,n), \quad f^{(n)}(x)>g^{(n)}(x)\;(0<x<t)$$
をみたすとする．このとき $0<x\leqq t$ で $f(x)>g(x)$ であることを示せ．

(2) (1)を利用し，$x>0$ で

$$e^x > 1 + x + \frac{x^2}{2!} + \frac{x^3}{3!} + \cdots + \frac{x^n}{n!}$$

であることを示せ．

(3) (1)を利用し，$0 < x \leq \pi/2$ で

$$x - \frac{x^3}{3!} < \sin x < x - \frac{x^3}{3!} + \frac{x^5}{5!}$$

であることを示せ．

2.4 不定形の極限とロピタルの定理

定理 2.9（コーシーの平均値の定理） $f(x)$, $g(x)$ が $[a, b]$ 上連続，(a, b) 上微分可能で $g'(x) \neq 0 (a < x < b)$ ならば

$$\frac{f(b) - f(a)}{g(b) - g(a)} = \frac{f'(c)}{g'(c)}$$

となる c が (a, b) に（少なくとも 1 つ）存在する．

証明 $A = (f(b) - f(a))/(g(b) - g(a))$ とし，関数 $F(x) = f(x) - f(a) - A(g(x) - g(a))$ を考えると $F(a) = F(b) = 0$ が成り立つ．よってロールの定理から $F'(c) = 0$ となる $a < c < b$ が存在する．$F'(x) = f'(x) - Ag'(x)$ であるから $f'(c)/g'(c) = A = (f(b) - f(a))/(g(b) - g(a))$ を得る．

上の定理で，$f(x)$, $g(x)$ が $[a, b]$ 上で 2 回微分可能で，$g'(x) \neq 0$, $g''(x) \neq 0 (a < x < b)$, $f'(a) = g'(a) = 0$ とすると，定理を 2 度用いることにより

$$\frac{f(b) - f(a)}{g(b) - g(a)} = \frac{f'(c)}{g'(c)} = \frac{f'(c) - f'(a)}{g'(c) - g'(a)} = \frac{f''(c_1)}{g''(c_1)}$$

となる $a < c_1 < b$ が存在することがわかる．これを一般的にすると次の系になる．

系 2.10 $f(x)$, $g(x)$ が $[a, b]$ 上で n 回微分可能 $(n \geq 1)$ で，$g^{(k)}(x) \neq 0 (a < x < b, k = 1, 2, \cdots, n)$ と $f^{(k)}(a) = g^{(k)}(a) = 0 (k = 1, 2, \cdots, n-1)$ が成り立てば

$$\frac{f(b) - f(a)}{g(b) - g(a)} = \frac{f^{(n)}(c)}{g^{(n)}(c)}$$

となる $a<c<b$ が存在する．

証明
$$\frac{f(b)-f(a)}{g(b)-g(a)}=\frac{f'(c_1)}{g'(c_1)}=\frac{f'(c_1)-f'(a)}{g'(c_1)-g'(a)}=\frac{f''(c_2)}{g''(c_2)}$$
$$=\frac{f''(c_2)-f''(a)}{g''(c_2)-g''(a)}=\cdots=\frac{f^{(n)}(c_n)}{g^{(n)}(c_n)}$$

この c_n を c とおき直せばよい．

（注意） 定理 2.9 および系 2.10 で，$a<b$ としているが $a>b$ でも結論はそのままの形で成立する（ただし，c は a と b の間の値とする）．それは結論の式の左辺が a, b を入れ替えても同じだからである．

この系からテイラーの定理を導くことができるが，それは後で述べることにして，コーシーの平均値の定理の応用を考えよう．

一般に関数の極限で $\lim_{x\to a}f(x)/g(x)$ の形のものが $\lim_{x\to a}f(x)=\lim_{x\to a}g(x)=0$ をみたしていると，極限 $\lim_{x\to a}f(x)/g(x)$ は $x=a$ を代入しては求まらないことになっている．この形の極限を $0/0$ の**不定形**という．不定形の極限としては $0/0$ の形のもの以外に次のようなものがある（極限の一部分にこれらの形が現れればその極限も不定形となる）．

$\lim_{x\to a}|f(x)|=\lim_{x\to a}|g(x)|=\infty$ のときの $\lim_{x\to a}\dfrac{f(x)}{g(x)}$　　　…$\dfrac{\infty}{\infty}$ の不定形という

$\lim_{x\to a}f(x)=0$, $\lim_{x\to a}|g(x)|=\infty$ のときの $\lim_{x\to a}f(x)g(x)$　　　…$0\times\infty$ の不定形という

$\lim_{x\to a}f(x)=\lim_{x\to a}g(x)=\infty$ のときの $\lim_{x\to a}(f(x)-g(x))$　　　…$\infty-\infty$ の不定形という

$\lim_{x\to a}f(x)=\lim_{x\to a}g(x)=0$ のときの $\lim_{x\to a}f(x)^{g(x)}$　　　…0^0 の不定形という

$\lim_{x\to a}|f(x)|=\infty$, $\lim_{x\to a}g(x)=0$ のときの $\lim_{x\to a}f(x)^{g(x)}$　　　…∞^0 の不定形という

$\lim_{x\to a}f(x)=1$, $\lim_{x\to a}g(x)=\infty$ のときの $\lim_{x\to a}f(x)^{g(x)}$　　　…1^∞ の不定形という

これらの不定形の中で，初めの $0/0$，∞/∞ の不定形が基本であって他の不定形は少しの計算でこの基本形に帰着できる．例えば 1^∞ の不定形は
$$\lim_{x\to a}f(x)=1,\ \lim_{x\to a}g(x)=\infty\ \text{のときの}\ \lim_{x\to a}f(x)^{g(x)}$$
だから，$y=f(x)^{g(x)}$ とおくと $\log y=g(x)\log f(x)$ となり

$$\lim_{x \to a} \log y = \lim_{x \to a} g(x) \log f(x) = \lim_{x \to a} \frac{\log f(x)}{\dfrac{1}{g(x)}} = \lim_{x \to a} \frac{g(x)}{\dfrac{1}{\log f(x)}}$$

で $0/0$ または ∞/∞ の不定形になっている．なお，もとの極限は $\lim_{x \to a} \log y = A$ が求まれば e^A として求まる．

定理 2.11（ロピタル（L'Hospital）の定理） 関数 $f(x)$，$g(x)$ は (a, b) 上微分可能で $g'(x) \neq 0 \, (a < x < b)$ が成り立つとする．さらに
$$\lim_{x \to a+0} f(x) = \lim_{x \to a+0} g(x) = 0 \ \text{または}\ \lim_{x \to a+0} |f(x)| = \lim_{x \to a+0} |g(x)| = \infty$$
が成り立つならば
$$\lim_{x \to a+0} \frac{f'(x)}{g'(x)} = A \ \text{のとき}\ \lim_{x \to a+0} \frac{f(x)}{g(x)} = A\ \text{である．}$$

証明 $a < x < x_1 < b$ をとり，$[x, x_1]$ でコーシーの平均値の定理を用いると
$$\frac{f(x_1) - f(x)}{g(x_1) - g(x)} = \frac{f'(c)}{g'(c)} \tag{1}$$
となる $x < c < x_1$ が存在する．

$\lim_{x \to a+0} f(x) = \lim_{x \to a+0} g(x) = 0$ のとき式 (1) で $x \to a$ とすると
$$\frac{f(x_1)}{g(x_1)} = \frac{f'(c_1)}{g'(c_1)} \quad (a < c_1 < x_1)$$

となる（$x = a$ での値を $f(a) = g(a) = 0$ と定め，$[a, x_1]$ でコーシーの平均値の定理を用いてもよい）．ここでさらに，$x_1 \to a$ とすると $c_1 \to a$ となるので
$$\lim_{x \to a+0} \frac{f(x)}{g(x)} = \lim_{x_1 \to a+0} \frac{f(x_1)}{g(x_1)} = \lim_{c_1 \to a+0} \frac{f'(c_1)}{g'(c_1)} = A$$
が得られる．

$\lim_{x \to a+0} |f(x)| = \lim_{x \to a+0} |g(x)| = \infty$ のとき，式 (1) を
$$\frac{f(x_1) - f(x)}{g(x_1) - g(x)} = \frac{f(x)\left(\dfrac{f(x_1)}{f(x)} - 1\right)}{g(x)\left(\dfrac{g(x_1)}{g(x)} - 1\right)} = \frac{f'(c)}{g'(c)} \tag{2}$$

と書きかえる．ここで $x \to a$ とすると，仮定 $\lim_{x \to a+0} |f(x)| = \lim_{x \to a+0} |g(x)| = \infty$ から $\lim_{x \to a+0} \frac{f(x_1)}{f(x)} = \lim_{x \to a+0} \frac{g(x_1)}{g(x)} = 0$ となる．よって

$$\lim_{x\to a+0}\frac{f(x)\left(\frac{f(x_1)}{f(x)}-1\right)}{g(x)\left(\frac{g(x_1)}{g(x)}-1\right)}=\lim_{x\to a+0}\frac{f(x)}{g(x)}$$

となる．式 (2) でさらに $x_1 \to a$ とすると，$c \to a$ から

$$\lim_{x\to a+0}\frac{f(x)}{g(x)}=\lim_{x\to a+0}\frac{f(x)\left(\frac{f(x_1)}{f(x)}-1\right)}{g(x)\left(\frac{g(x_1)}{g(x)}-1\right)}=\lim_{c\to a+0}\frac{f'(c)}{g'(c)}=A$$

が得られる*．

（注意） ロピタルの定理を $\lim_{x\to a+0} f(x)/g(x)$ の形で述べたが，$\lim_{x\to b-0} f(x)/g(x)$ についても同様のことは成り立つ．したがってロピタルの定理により関数の極限 $\lim_{x\to a} f(x)/g(x)$ が求められる．

ロピタルの定理は $A=\infty$ または $A=-\infty$ としても成り立つ．これは上の証明で式(1)または式(2)の右辺の極限を A とせずに「右辺は限りなく大きくなる」と置きかえればよい．

ロピタルの定理は $x\to\infty$ とした極限でも成り立つ．これは系として述べよう．

系 2.12 $\lim_{x\to\infty} f(x)=\lim_{x\to\infty} g(x)=0$ または $\lim_{x\to\infty}|f(x)|=\lim_{x\to\infty}|g(x)|=\infty$ が成り立つならば

$$\lim_{x\to\infty}\frac{f'(x)}{g'(x)}=A \text{ のとき } \lim_{x\to\infty}\frac{f(x)}{g(x)}=A \text{ である．}$$

証明 変数を $x=1/t$ とおきかえる．

$$\lim_{x\to\infty}\frac{f(x)}{g(x)}=\lim_{t\to 0+}\frac{f\left(\frac{1}{t}\right)}{g\left(\frac{1}{t}\right)}=\lim_{t\to 0+}\frac{f'\left(\frac{1}{t}\right)\left(\frac{-1}{t^2}\right)}{g'\left(\frac{1}{t}\right)\left(\frac{-1}{t^2}\right)}=\lim_{t\to 0+}\frac{f'\left(\frac{1}{t}\right)}{g'\left(\frac{1}{t}\right)}$$

$$=\lim_{x\to\infty}\frac{f'(x)}{g'(x)}=A$$

例 2.7 ロピタルの定理を用いて次の極限を求めてみる．

---

* ∞/∞ の不定形での上の証明はやや粗雑である．ε-δ 法を用いて証明を正確にすることは可能であるが，その詳細は省略する．

(1) $\displaystyle\lim_{x\to 0}\frac{x-\sin x}{x^3}$ (2) $\displaystyle\lim_{x\to 0+}x\log x$ (3) $\displaystyle\lim_{x\to 0+}x^x$

解 (1) $\displaystyle\lim_{x\to 0}\frac{x-\sin x}{x^3}=\lim_{x\to 0}\frac{1-\cos x}{3x^2}=\lim_{x\to 0}\frac{\sin x}{6x}=\frac{1}{6}$

(2) $\displaystyle\lim_{x\to 0+}x\log x=\lim_{x\to 0+}\frac{\log x}{\frac{1}{x}}=\lim_{x\to 0+}\frac{\frac{1}{x}}{-\frac{1}{x^2}}=\lim_{x\to 0+}-x=0$

(3) $x^x=e^{x\log x}$ である. (2) の結果より $\displaystyle\lim_{x\to 0+}x^x=\lim_{x\to 0+}e^{x\log x}=e^0=1$

(注意) ロピタルの定理を用いるとき考えている極限が $0/0$ または ∞/∞ の形であることはいちいち確かめなければならない. また上の(1)の解答で極限を次々に等号で結んだが, これは右辺が求まれば左辺も存在して等しいという意味である. $\displaystyle\lim_{x\to a}f'(x)/g'(x)$ が求まらないとき, ロピタルの定理は用いてはいけないことも注意すべきである.

例 2.8 $\displaystyle\lim_{x\to 0}x^2\sin(1/x)/\sin x$ について考えよう. これは $0/0$ の形の不定形である.

$$\left|\frac{x^2\sin\left(\frac{1}{x}\right)}{\sin x}\right|\le\frac{|x^2|}{|\sin x|}=|x|\left|\frac{x}{\sin x}\right|\to 0\times 1=0\ (x\to 0)$$

であるから $\displaystyle\lim_{x\to 0}x^2\sin(1/x)/\sin x=0$ である. これをロピタルの定理で求めようとしても

$$\lim_{x\to 0}\frac{x^2\sin\left(\frac{1}{x}\right)}{\sin x}=\lim_{x\to 0}\frac{2x\sin\left(\frac{1}{x}\right)-\cos\left(\frac{1}{x}\right)}{\cos x}$$

(これは正しい式ではない！) のような式になり, $x\to 0$ のとき右辺の分母 $\cos x$ は 1 に近づくが, 分子 $2x\sin(1/x)-\cos(1/x)$ は振動してしまう.

問 2.9 次の極限を求めよ.

(1) $\displaystyle\lim_{x\to 0}\frac{3\sin x-\sin 3x}{x^3}$ (2) $\displaystyle\lim_{x\to 0}\frac{\tan x-x}{x^3}$

(3) $\displaystyle\lim_{x\to 0}\frac{(\sin x)^2-\sin(x^2)}{x^4}$ (4) $\displaystyle\lim_{x\to 0}\frac{\log(1+x)-x}{x^2}$

(5) $\displaystyle\lim_{x\to\infty}\frac{x^k}{e^x}$ (k は自然数) (6) $\displaystyle\lim_{x\to 0}(\cos ax+b\sin cx)^{1/x}$

(7) $\displaystyle\lim_{x\to 0}(\cos x)^{1/x^2}$ (8) $\displaystyle\lim_{x\to 0}\left(\frac{\sin x}{x}\right)^{1/x^2}$ (9) $\displaystyle\lim_{x\to\infty}\frac{\left(1+\dfrac{1}{x}\right)^{x^2}}{e^x}$

2.5 テイラーの定理

高次導関数(の値)を用いて関数 $f(x)$ の性質を調べたものが，テイラーの定理である．

初めに，導関数を用いずに $x=a$ の近くで $f(x)$ の様子を考えるとしたら，「$f(x)$ は $f(a)$ に近い値をとる」というしかない．そしてこれは関数 $f(x)$ が $x=a$ で連続であれば成り立つ．

次に導関数 $f'(x)$ を用いて $x=a$ の近くで $f(x)$ の様子を考えると，「$f(x)$ は1次式 $h(x)=f(a)+f'(a)(x-a)$ で近似される」ことがわかるであろう．実際，グラフでいえば，曲線 $y=f(x)$ をその接線 $y=f(a)+f'(a)(x-a)$ で近似していることになる．1次式 $h(x)=f(a)+f'(a)(x-a)$ の関数は $f(x)$ と比べて $x=a$ での値と導関数の値が等しいものでもある．

それでは2次導関数までを用いて，$x=a$ の近くで $f(x)$ の様子を考えるとき，どのような式を用いたら $f(x)$ をよく近似したものになるであろうか．2次式 $h(x)$ で $x=a$ での値が2次導関数まで $f(x)$ と等しいものを考えるのは自然であろう．$h(x)$ の変数を $x-a$ で整理して $h(x)=a_0+a_1(x-a)+a_2(x-a)^2$ とおくと

$$h(a)=a_0=f(a), \quad h'(a)=a_1=f'(a), \quad h''(a)=2a_2=f''(a)$$

となるから，求める2次式は

$$h(x)=f(a)+f'(a)(x-a)+\frac{f''(a)}{2}(x-a)^2$$

である．このように $n-1$ 次導関数までを用いると，$n-1$ 次導関数までの値が $x=a$ で $f(x)$ と等しくなる $n-1$ 次式が考えられる．それを

$$h(x)=a_0+a_1(x-a)+a_2(x-a)^2+\cdots+a_{n-1}(x-a)^{n-1}$$

とすると，$k\leq n-1$ では

$$h^{(k)}(x)=k!\,a_k+((x-a) \text{のつく項})$$

となるので $k!\,a_k=h^{(k)}(a)=f^{(k)}(a)$ から $a_k=f^{(k)}(a)/k!$ となる．よって

$$h(x) = f(a) + f'(a)(x-a) + \frac{f''(a)}{2!}(x-a)^2 + \frac{f'''(a)}{3!}(x-a)^3$$
$$+ \cdots + \frac{f^{(n-1)}(a)}{(n-1)!}(x-a)^{n-1}$$

が得られる．これを $f(x)$ の $n-1$ **次近似式**と呼ぼう．

さて，上の近似式で 1 次式の場合

$$f(x) \sim f(a) + f'(a)(x-a)$$

は平均値の定理の式 $(f(x)-f(a))/(x-a)=f'(c)$（c は a と x の間のある値）によれば

$$f(x) = f(a) + f'(c)(x-a)$$

と等式で成立した．c の値は確定しないが，同様に 2 次式での近似

$$f(x) \sim f(a) + f'(a)(x-a) + \frac{f''(a)}{2}(x-a)^2$$

も

$$f(x) = f(a) + f'(a)(x-a) + \frac{f''(c)}{2}(x-a)^2$$

として等式で成立することが証明できる．これを一般に述べたものがテイラーの定理である．

定理 2.12（テイラー (Taylor) の定理） $f(x)$ が $[a,b]$ 上 n 回微分可能であれば

$$f(b) = f(a) + f'(a)(b-a) + \frac{f''(a)}{2!}(b-a)^2 + \frac{f'''(a)}{3!}(b-a)^3 + \cdots$$
$$+ \frac{f^{(n-1)}(a)}{(n-1)!}(b-a)^{n-1} + \frac{f^{(n)}(c)}{n!}(b-a)^n$$

となる c が (a,b) に（少なくとも 1 つ）存在する．

証明 $f(x)$ の $n-1$ 次近似式

$$h(x) = f(a) + f'(a)(x-a) + \frac{f''(a)}{2!}(x-a)^2 + \frac{f'''(a)}{3!}(x-a)^3 + \cdots$$
$$+ \frac{f^{(n-1)}(a)}{(n-1)!}(x-a)^{n-1}$$

を作り，$F(x) = f(x) - h(x)$ とおく．近似式 $h(x)$ の作り方から

$$F(a) = F'(a) = F''(a) = \cdots = F^{(n-1)}(a) = 0$$

である．系 2.10 をこの $F(x)$ と $g(x)=(x-a)^n$ に対して用いると
$$\frac{F(b)-F(a)}{g(b)-g(a)}=\frac{F(b)}{(b-a)^n}=\frac{F^{(n)}(c)}{g^{(n)}(c)}=\frac{f^{(n)}(c)}{n!}$$
から
$$f(b)-h(b)=F(b)=\frac{f^{(n)}(c)}{n!}(b-a)^n$$
を得る．これはテイラーの定理の式である．

(注意) テイラーの定理で最後の項 $R_n=(f^{(n)}(c)/n!)(b-a)^n$ を**剰余項**という．剰余項はいろいろな形に表現される．実際，上の定理の証明で $g(x)=(x-a)^m (m\geq n)$ とかえると，剰余項は $R_n=\{f^{(n)}(c_1)/m(m-1)(m-2)\cdots(m-n+1)\}\{(b-a)^m/(c_1-a)^{m-n}\}$ ともできることがわかる（剰余項をかえれば c の値も変わる）．定理で述べた剰余項 $R_n=(f^{(n)}(c)/n!)(b-a)^n$ は**ラグランジュ (Lagrange) の剰余項**といわれる．テイラーの定理は $a<b$ として証明されたが，$a>b$ でもテイラーの定理は成り立つ．それは系 2.10 が $a>b$ でも成り立つことによる．テイラーの定理は $x=b$ での値だけを表現したものに見えるが，この b の値には特別な制限がないので，b を変数のように扱える．b を x とおくと次の系になる．

系 2.13 $f(x)$ が $x=a$ を含む区間 I で n 回微分可能であれば I の点 x に対して
$$f(x)=f(a)+f'(a)(x-a)+\frac{f''(a)}{2!}(x-a)^2+\frac{f'''(a)}{3!}(x-a)^3+\cdots$$
$$+\frac{f^{(n-1)}(a)}{(n-1)!}(x-a)^{n-1}+\frac{f^{(n)}(c)}{n!}(x-a)^n$$
となる c が a と x の間に存在する．

さらにこの系 2.13 で $a=0$ とすると次の系になる．

系 2.14（マクローリン (Maclaurin) の定理） $f(x)$ が 0 を含む区間 I で n 回微分可能であれば I の点 x に対して
$$f(x)=f(0)+f'(0)x+\frac{f''(0)}{2!}x^2+\frac{f'''(0)}{3!}x^3+\cdots$$
$$+\frac{f^{(n-1)}(0)}{(n-1)!}x^{n-1}+\frac{f^{(n)}(c)}{n!}x^n$$
となる c が 0 と x の間に存在する．

42　第2章　微　分

マクローリンの定理を具体的な関数にあてはめてみよう．n次導関数(の0での値)が求まる必要があるので，定理を直接あてはめられる例は多くはない．

例 2.9　次の関数$f(x)$にマクローリンの定理をあてはめてみよ．
(1) $a_0 + a_1 x + a_2 x^2 + \cdots + a_m x^m$ （m 次多項式）　　(2) e^x　　(3) $\sin x$
(4) $\cos x$　　(5) $\log(1+x)$　（$x > -1$）
(6) $(1+x)^a$　（$x > -1$，a は定数）

解　(1) $k \leq m$ では $f^{(k)}(x) = k! a_k + (x$ のつく項$)$ であるから $f^{(k)}(0) = k! a_k$ である．よってマクローリンの定理の係数は $f^{(k)}(0)/k! = a_k$ となる．マクローリンの定理で $n \geq m$ であれば多項式 $f(x)$ そのものが得られる．$n < m$ のときは面倒である（$f^{(n)}(c)$ をきちんと書けばよいだけなので詳細は省略する）．

(2) $f^{(k)}(x) = e^x$ である．よってマクローリンの定理の係数は $f^{(k)}(0)/k! = 1/k!$ となる．これから
$$e^x = 1 + \frac{1}{1!}x + \frac{1}{2!}x^2 + \frac{1}{3!}x^3 + \cdots + \frac{1}{(n-1)!}x^{n-1} + \frac{e^c}{n!}x^n$$
が得られる．c は 0 と x の間のある値である．

(3) $f(x) = \sin x$ とおくと $f^{(k)}(x) = \sin(x + k\pi/2)$ から
$$f^{(k)}(0) = \begin{cases} 0, & k \text{ は偶数} \\ (-1)^i, & k(=2i+1) \text{ は奇数} \end{cases}$$
また $\sin(x + m\pi) = (-1)^m \sin x$ を用い，マクローリンの定理で $n = 2m$ または $n = 2m+1$ とすると次の式が得られる．
$$\sin x = x - \frac{1}{3!}x^3 + \frac{1}{5!}x^5 - \cdots + (-1)^{m-1}\frac{1}{(2m-1)!}x^{2m-1}$$
$$+ (-1)^m \frac{\sin c}{(2m)!}x^{2m}$$
または
$$\sin x = x - \frac{1}{3!}x^3 + \frac{1}{5!}x^5 - \cdots + (-1)^{m-1}\frac{1}{(2m-1)!}x^{2m-1}$$
$$+ (-1)^m \frac{\cos c}{(2m+1)!}x^{2m+1}$$

(4) (3)と同様に $f(x) = \cos x$ とおくと $f^{(k)}(x) = \cos(x + k\pi/2)$ から

$$f^{(k)}(0) = \begin{cases} (-1)^i, & k(=2i) \text{ は偶数} \\ 0, & k \text{ は奇数} \end{cases}$$

よって

$$\cos x = 1 - \frac{1}{2!}x^2 + \frac{1}{4!}x^4 - \cdots + (-1)^{m-1}\frac{1}{(2m-2)!}x^{2m-2}$$
$$+ (-1)^m\frac{\cos c}{(2m)!}x^{2m}$$

または

$$\cos x = 1 - \frac{1}{2!}x^2 + \frac{1}{4!}x^4 - \cdots + (-1)^{m-1}\frac{1}{(2m-2)!}x^{2m-2}$$
$$+ (-1)^m\frac{\sin c}{(2m-1)!}x^{2m-1}$$

(5) $f(x) = \log(1+x)$ とおくと $f^{(k)}(x) = (-1)^{k-1}(k-1)!/(1+x)^k$ である．よって $f^{(k)}(0) = (-1)^{k-1}(k-1)!$ であり，マクローリンの定理の係数は $f^{(k)}(0)/k! = (-1)^{k-1}/k$ となる．これから

$$\log(1+x) = x - \frac{1}{2}x^2 + \frac{1}{3}x^3 - \cdots + \frac{(-1)^{n-2}}{n-1}x^{n-1} + \frac{(-1)^{n-1}}{n(1+c)^n}x^n$$

(6) $f(x) = (1+x)^a$ とおくと $f^{(k)}(x) = a(a-1)(a-2)\cdots(a-k+1)(1+x)^{a-k}$ である．よって $f^{(k)}(0) = a(a-1)(a-2)\cdots(a-k+1)$ であり，マクローリンの定理の係数は $f^{(k)}(0)/k! = \{a(a-1)(a-2)\cdots(a-k+1)\}/k!$ となる．これから

$$(1+x)^a = 1 + ax + \frac{a(a-1)}{2}x^2 + \frac{a(a-1)(a-2)}{3!}x^3 + \cdots$$
$$+ \frac{a(a-1)\cdots(a-n+2)}{(n-1)!}x^{n-1}$$
$$+ \frac{a(a-1)\cdots(a-n+1)}{n!}(1+c)^{a-n}x^n$$

((6)の結果は a が自然数で $n \geq a$ のときは普通の 2 項展開である．a が自然数でないとき ($a = -1$, $a = 1/2$ など) にも成り立つので意味がある)．

(注意1) この例で示した式から，関数の値の近似値を計算する式ができる．例えば

$$e^x = 1 + \frac{1}{1!}x + \frac{1}{2!}x^2 + \frac{1}{3!}x^3 + \cdots + \frac{1}{(n-1)!}x^{n-1} + \frac{e^c}{n!}x^n$$

(c は 0 と x の間のある値) について考えよう．e^x はすべての実数で微分可能であるから，上の等式はすべての実数 x で成立する．また，e^x は何回でも微分可能であるから，

上の等式はどのような n でも成立することになる．もちろん c は n と x によって変化するが．

さて，上の等式で $x=1$ とおいてみると

$$e = 1 + \frac{1}{1!} + \frac{1}{2!} + \frac{1}{3!} + \cdots + \frac{1}{(n-1)!} + \frac{e^c}{n!} \quad (0<c<1)$$

が得られる．ここで最後の項を無視すると，e の近似値を計算する公式

$$e \sim 1 + \frac{1}{1!} + \frac{1}{2!} + \frac{1}{3!} + \cdots + \frac{1}{(n-1)!}$$

になり，この近似の誤差は $e^c/n! < e/n! < 3/n!$ より小さいことがわかる．特に，$n=10$ とすれば，e の近似値

$$e \sim 1 + \frac{1}{1!} + \frac{1}{2!} + \frac{1}{3!} + \cdots + \frac{1}{9!}$$

が得られ，その誤差は $3/10! < 1/1000000$ より小さい．また，$n=100$ とすれば近似値

$$e \sim 1 + \frac{1}{1!} + \frac{1}{2!} + \frac{1}{3!} + \cdots + \frac{1}{99!}$$

が得られ，その誤差は $3/100!$ より小さい（右辺を正確に計算すれば，の話であるが）．$\sin x$, $\cos x$, $\log(1+x)$ の式についても同様である．

(注意 2) 上の注意 1 でしたように，テイラーの定理

$$f(x) = f(a) + f'(a)(x-a) + \frac{f''(a)}{2!}(x-a)^2 + \cdots$$
$$+ \frac{f^{(n-1)}(a)}{(n-1)!}(x-a)^{n-1} + \frac{f^{(n)}(c)}{n!}(x-a)^n$$

を用いて関数 $f(x)$ の性質を調べるとき，剰余項 $(f^{(n)}(c)/n!)(x-a)^n$ を無視したり，$(f^{(n)}(a)/n!)(x-a)^n$ でおきかえたりすることがある．このようにすると，関数 $f(x)$ の近似式になるのであるが，テイラーの定理はこの近似の誤差 $(f^{(n)}(c)/n!)(x-a)^n$ が評価できるものになっている．剰余項を $(f^{(n)}(a)/n!)(x-a)^n$ でおきかえるのは変数 x が a に近い値をとり（したがって c も a に近い），かつ $f^{(n)}(x)$ が a で連続のときに許される．

一般に微分可能な関数の導関数は連続とは限らないので，連続な導関数 $f'(x)$ をもつ関数 $f(x)$ を C^1-**関数**といい，連続な 2 次導関数 $f''(x)$ をもつ関数 $f(x)$ を C^2-関数という．一般に連続な n 次導関数 $f^{(n)}(x)$ をもつ関数 $f(x)$ を C^n-**関数**という．また何回でも微分可能な関数を C^∞-**関数**という．上の例で

あげた，多項式，e^x，$\sin x$，$\cos x$，$\log(1+x)$ などは C^∞-関数である．

2.6 関数のテイラー展開

e^x にマクローリンの定理を用いた式から，e の近似値を計算できる式
$$e \sim 1 + \frac{1}{1!} + \frac{1}{2!} + \frac{1}{3!} + \cdots + \frac{1}{(n-1)!}$$
を作った（誤差は $3/n!$ より小さい）．この式は，右辺の計算を続ければ続けるほど，e の値に近づく．それでは，この計算を限りなく続けたもの
$$1 + \frac{1}{1!} + \frac{1}{2!} + \frac{1}{3!} + \cdots + \frac{1}{(n-1)!} + \cdots$$
は e に等しいといってよいであろうか．この右辺は，数を無限にたしつづけたようなものを考えているのであるが，数を無限にたしつづけることをどのように考えるべきであろうか．次の**級数**の定義が必要である．

定義 数列 $\{a_n\}_{n=1}^\infty$ に対して
$$s_n = a_1 + a_2 + \cdots + a_n$$
を第 n **部分和**という．部分和の数列 $\{s_n\}$ が収束するとき（その極限を A とする），級数 $\sum_{n=1}^\infty a_n$ は**収束**するといい，$\sum_{n=1}^\infty a_n = A$ と表す．

この定義を，前の $1 + \frac{1}{1!} + \frac{1}{2!} + \frac{1}{3!} + \cdots + \frac{1}{(n-1)!} + \cdots$ にあてはめてみよう．第 n 部分和 s_n は $1 + \frac{1}{1!} + \frac{1}{2!} + \frac{1}{3!} + \cdots + \frac{1}{(n-1)!}$ で e の近似値である．また $|s_n - e| < 3/n!$ が成り立つことがわかっていた．これから $\lim_{n\to\infty} s_n = e$ がわかる．したがって上の定義をあてはめると
$$e = \sum_{n=1}^\infty \frac{1}{(n-1)!} = 1 + \frac{1}{1!} + \frac{1}{2!} + \frac{1}{3!} + \cdots + \frac{1}{(n-1)!} + \cdots$$
と表せることになる．

(注意 1) 上の定義で，数の無限個の和は実際は計算していないことに注意せよ．有限個の和だけを作り，項を増やすとどのようになるかを，極限という操作で類推しているのである．無限個の数の和（のようなもの）はこのように考えるしかない．いくら高速な計算機を用いても 1 つずつの和にわずかながらでも時間がかかるので，無限個の数をたすと無限の時間がかかるはず，といわれるのは迷惑なのである．

(注意 2) 無限級数は極限をとる操作が入っているので，通常の和の性質がすべて成り立つとは限らない．例えば，通常の和では和の順序を変えても和は変わらないが，無限級数では和の順序を入れ替えると和の値が異なってしまうような例も作れるのである．

関数の無限個の和にあたる**関数項級数**を考えよう．関数はそれぞれの変数での値が定まればよいので，関数項級数は変数のそれぞれの値で考えることにする．

定義 関数の列 $\{f_n(x)\}_{n=1}^{\infty}$ に対して，変数の値 $x=a$ を固定する．数列 $\{f_n(a)\}_{n=1}^{\infty}$ の第 n 部分和

$$s_n(a) = f_1(a) + f_2(a) + \cdots + f_n(a)$$

を作る．数列 $\{s_n(a)\}$ が収束するとき（その極限は a により定まるので $f(a)$ とおく），関数項級数 $\sum_{n=1}^{\infty} f_n(x)$ は $x=a$ で収束するといい，$\sum_{n=1}^{\infty} f_n(a) = f(a)$ と表す．

関数項級数はある区間内のすべての変数で収束するようなときが大切である．このときは関数項級数により 1 つの関数が定まることになる．さて，テイラーの定理から次の定理が得られる．

定理 2.15 $f(x)$ が a を含む（有限）区間 I で無限回微分可能で，定数 K により

$$|f^{(n)}(x)| \leq K \quad (n=1, 2, \cdots, x \in I)$$

が成り立てば，I 上で

$$f(x) = f(a) + f'(a)(x-a) + \frac{f''(a)}{2!}(x-a)^2 + \frac{f'''(a)}{3!}(x-a)^3 + \cdots$$
$$+ \frac{f^{(n)}(a)}{n!}(x-a)^n + \cdots$$

が成り立つ（右辺の一般項は第 $n+1$ 項である）．

証明 x を固定して考える．右辺の第 n 部分和 $s_n(x)$ と $f(x)$ の差はテイラーの定理の剰余項 $(f^{(n)}(c)/n!)(x-a)^n$ である．仮定から

$$|f(x) - s_n(x)| \leq \frac{|f^{(n)}(c)|}{n!}|x-a|^n \leq \frac{K|x-a|^n}{n!} \to 0 \quad (n \to \infty)$$

となるので(右辺の極限が0であることは第1章の例1.6を参照せよ),定理は示された.

(注意) 上の証明はラグランジュの剰余項が,$n \to \infty$ のとき0に収束することを示しただけである.したがって,他の方法でも剰余項が $n \to \infty$ のとき0に収束することを示せば,上の定理の結論は成り立つ.

テイラーの定理(またはマクローリンの定理)から次の結果が得られる.これらの等式の右辺を**テイラー展開**(または**マクローリン展開,整級数展開**)という.

定理 2.16 次の等式が成り立つ.e^x, $\sin x$, $\cos x$ についての式はすべての実数 x で成り立つ.

$$e^x = 1 + \frac{1}{1!}x + \frac{1}{2!}x^2 + \frac{1}{3!}x^3 + \cdots + \frac{1}{n!}x^n + \cdots$$

$$\sin x = x - \frac{1}{3!}x^3 + \frac{1}{5!}x^5 - \cdots + (-1)^m \frac{1}{(2m+1)!}x^{2m+1} + \cdots$$

$$\cos x = 1 - \frac{1}{2!}x^2 + \frac{1}{4!}x^4 - \cdots + (-1)^m \frac{1}{(2m)!}x^{2m} + \cdots$$

$$\log(1+x) = x - \frac{1}{2}x^2 + \frac{1}{3}x^3 - \cdots + \frac{(-1)^{n-1}}{n}x^n + \cdots \quad (-1 < x \leq 1)$$

証明 $f(x) = e^x$ とおくと $f^{(n)}(x) = e^x$ である.実数 $K > 0$ をとり,$|x| \leq K$ で考えれば

$$|f^{(n)}(x)| = e^x \leq e^K$$

が成り立つ.よって定理2.15から

$$e^x = 1 + \frac{1}{1!}x + \frac{1}{2!}x^2 + \frac{1}{3!}x^3 + \cdots + \frac{1}{n!}x^n + \cdots \quad (|x| \leq K)$$

を得る.K は任意であるから,上の式はすべての x で成り立つ.
$\sin x$, $\cos x$ についても同様である.$f(x) = \log(1+x)$ については

$$f^{(n)}(x) = (-1)^{n-1} \frac{(n-1)!}{(1+x)^n}$$

であるから $0 \leq x \leq 1$ のとき剰余項について

$$\left| \frac{f^{(n)}(c)}{n!} x^n \right| = \frac{x^n}{n(1+c)^n} \to 0 \quad (n \to \infty)$$

が成り立ち
$$\log(1+x) = x - \frac{1}{2}x^2 + \frac{1}{3}x^3 - \cdots + \frac{(-1)^{n-1}}{n}x^n + \cdots \quad (0 \leq x \leq 1)$$
が得られる．$-1 < x < 0$ のときはラグランジュの剰余項ではうまくいかないので，他の議論が必要である（付録1を参照せよ）．

問 2.10 次の関数の $x=a$ でのテイラー展開（$x-a$ の冪の無限級数による表現）を求めよ．
 (1) e^x (2) $\sin x$ (3) $\cos x$ (4) $\log x$ ($a>0$ とする)

問 2.11 次の関数のマクローリン展開を求めよ．
 (1) $x \sin x$ (2) $(\cos x)^2$ (3) $\dfrac{1}{2-3x+x^2}$

練習問題 2

2.1 実数全体で定義された関数 $f(x)$ が
$$|f(x) - f(x')| \leq |x - x'|^2$$
をみたせば $f(x)$ は定数であることを示せ．

2.2 $f(x)$ が $x \geq 1$ で微分可能で $\lim_{x \to \infty} f(x) = f(1)$ ならば $f'(c) = 0$ となる $c > 1$ が存在することを示せ．

2.3 $f(x)$ が $[a, b]$ 上連続，(a, b) 上微分可能で $f(a) = f(b) = 0$ のとき，どのような実数 k に対しても $f'(c) = kf(c)$ となる $a < c < b$ が存在することを示せ．

2.4 $f(x), g(x)$ が $[a, b]$ 上2回微分可能で $g''(x) \neq 0 (a < x < b)$ ならば
$$\frac{f(b) - f(a) - f'(a)(b-a)}{g(b) - g(a) - g'(a)(b-a)} = \frac{f''(c)}{g''(c)}$$
となる $a < c < b$ が存在することを示せ．

2.5 $f(x)$ が a を含む区間で2回微分可能のとき $\lim_{x \to 0}(f(a+x) + f(a-x) - 2f(a))/x^2$ を求めよ．

2.6 $f(x) = x^{n-1}e^{1/x}$ の n 次導関数が $f^{(n)}(x) = (-1)^n(e^{1/x}/x^{n+1})$ であることを帰納法により示せ．

2.7 $f(x) = \arctan x$ について次の式を示せ.
  (1) $(1+x^2)f^{(n+1)}(x) + 2nxf^{(n)}(x) + n(n-1)f^{(n-1)}(x) = 0$ $(n \geq 1)$
  (2) $f^{(2k)}(0) = 0$, $f^{(2k+1)}(0) = (-1)^k(2k)!$ $(k \geq 0)$

2.8 $f(x) = \arcsin x$ についての次の式を示せ.
  (1) $(1-x^2)f^{(n+2)}(x) - (2n+1)xf^{(n+1)}(x) - n^2 f^{(n)}(x) = 0$ $(n \geq 0)$
  (2) $f^{(2k)}(0) = 0$, $f^{(2k+1)}(0) = 1^2 \cdot 3^2 \cdot 5^2 \cdots (2k-1)^2$

2.9 $e = 1 + \dfrac{1}{1!} + \dfrac{1}{2!} + \cdots + \dfrac{1}{(n-1)!} + \dfrac{e^c}{n!}$ $(0 < c < 1)$ がすべての n で成立することと,$2 < e < 3$ であることを用いて e は無理数であることを証明せよ.

第3章 1変数関数の積分

3.1 定積分の定義

高等学校で学んだ定積分の定義や性質は整関数に限らず，さらに一般に，有限閉区間 $I=[a,b]$ で連続な関数 $y=f(x)$ についても同様に成立する．定積分とは，直観的には関数 $y=f(x)$ のグラフと x 軸とで囲まれた部分の面積のことである．グラフが x 軸の上にある部分では，定積分と面積は同じであるが，x 軸の下にある部分では，面積にマイナスを付した数値が定積分である．ところで，$y=f(x)$ のグラフと x 軸とで囲まれた部分の面積はどのような場合でも定まるのであろうか．そもそも，面積の数学的な定義はどのようにすればよいのであろうか．この解決は19世紀末までの議論を経て，20世紀初頭まで待たなくてはならなかった．

これらの問題は本質的な大問題ではあるが，難解であり，ここでは深入りはしないで，まずは，有限閉区間 $I=[a,b]$ で，連続関数 $y=f(x)$ が，x 軸と囲む部分の面積について考える．すなわち，I をいくつかの小区間

$$[x_0, x_1], [x_1, x_2], \cdots, [x_{n-1}, x_n]$$

に分割する (図 3.1)．ここで，$x_0=a$, $x_n=b$ である．このとき，小区間 $[x_{k-1}, x_k]$ の任意の点を ξ_k として

$$\sum_{k=1}^{n} f(\xi_k)(x_k - x_{k-1}) \tag{3.1}$$

（リーマン(Riemann)和という）

を考える．分割をしだいに細くして $\max_{1 \le k \le n}(x_k - x_{k-1}) \to 0$ となるようにしたときの，(3.1) の極限値（点列 $\{\xi_k\}$ のとり方には無関係な有限確定値）が存在することが後述の定理 3.3 からわかる．この極限値を $f(x)$ の I 上の**定積分**といい

$$\int_a^b f(x)\,dx$$

と書いて，$f(x)$ は I 上で**積分可能**であるという．a, b をそれぞれ，定積分の下端，上端，$f(x)$ を**被積分関数**，x を**積分変数**という．積分変数 x は他の文字，例えば t と交換して

$$\int_a^b f(t)\,dt$$

と書いても同じものであることは定義よりわかる．

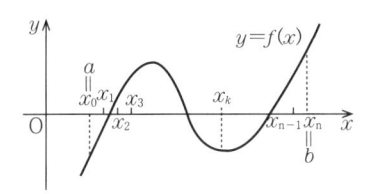

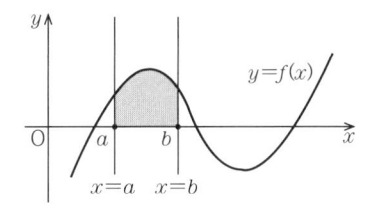

とくに，$f(x) \geqq 0$ の場合には

図 3.1　　　　　　　図 3.2

$$\int_a^b f(x)\,dx \quad (a<b)$$

は，曲線 $y=f(x)$ と x 軸および 2 直線 $x=a$, $x=b$ で囲まれる部分の面積を表す（図 3.2）．また，上で述べた定積分の定義に沿って

$$\int_a^a f(x)\,dx = 0, \quad \int_b^a f(x)\,dx = -\int_a^b f(x)\,dx$$

と定義する．

定積分のもつ性質を証明を省略して，次に述べる．

定理 3.1　関数 $f(x)$, $g(x)$ が閉区間 $[a,b]$ で連続であるとき

(i) $\displaystyle\int_a^b kf(x)\,dx = k\int_a^b f(x)\,dx$　（k は定数）

(ii) $\displaystyle\int_a^b \{f(x) \pm g(x)\}\,dx = \int_a^b f(x)\,dx \pm \int_a^b g(x)\,dx$　（複号同順）

(iii) $\displaystyle\int_a^b f(x)\,dx = \int_a^c f(x)\,dx + \int_c^b f(x)\,dx$　（a, b, c の大小には無関係）

(iv) $f(x) \geqq 0$ ならば $\displaystyle\int_a^b f(x)\,dx \geqq 0$，さらに，$f(x)$ が連続であるから，1 点 x_0 で $f(x_0)>0$ ならば $\displaystyle\int_a^b f(x)\,dx > 0$

(ⅴ) $f(x) \leq g(x)$ ならば $\int_a^b f(x)\,dx \leq \int_a^b g(x)\,dx$

(ⅵ) $\left|\int_a^b f(x)\,dx\right| \leq \int_a^b |f(x)|\,dx$

定理 3.2（定積分の平均値の定理） 関数 $f(x)$ を閉区間 $[a,b]$ で連続な関数とするとき，次の等式が成立するような数 $\xi\,(a<\xi<b)$ が存在する．

$$\int_a^b f(x)\,dx = f(\xi)(b-a)$$

証明 関数 $f(x)$ の $[a,b]$ における最大値を M，最小値を m とすると

$$m \leq f(x) \leq M \tag{3.2}$$

$f(x)$ が定数関数であるときは，ξ として $[a,b]$ のどの点をとってきても定理の結論式は成立するから，$f(x)$ は定数関数でないときを考える．このときは，(3.2)の両側の等号のいずれでも，不成立となる点 x はそれぞれ存在するから，定理 3.1 の (ⅳ) によって

$$\int_a^b m\,dx < \int_a^b f(x)\,dx < \int_a^b M\,dx$$

両端辺の積分を定義により計算して

$$m(b-a) < \int_a^b f(x)\,dx < M(b-a)$$

ゆえに

$$m < \frac{1}{b-a}\int_a^b f(x)\,dx < M$$

$f(x)$ は連続であるから，

$$\frac{1}{b-a}\int_a^b f(x)\,dx = f(\xi)$$

となる ξ が区間 (a,b) の中に存在する．
よって

$$\int_a^b f(x)\,dx = f(\xi)(b-a)$$

図 3.3

定理 3.3 有限閉区間 $I=[a,b]$ 上の連続関数 $f(x)$ は I 上で積分可能である．

証明 補遺 3.1 を参照．

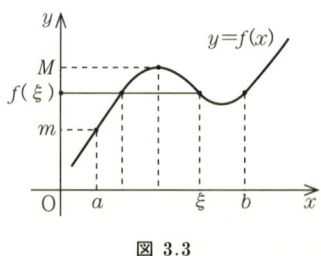

（注意） $y=f(x)$ を有限閉区間 $I=[a,b]$ 上の連続関数とする．I の等分割：
$$a<a+h<a+2h<\cdots<a+nh=b, \quad h=\frac{b-a}{n}$$
を考えて，リーマン和を
$$\frac{b-a}{n}\sum_{k=1}^{n}f\left(a+\frac{k(b-a)}{n}\right)$$
とすると
$$\lim_{n\to\infty}\frac{b-a}{n}\sum_{k=1}^{n}f\left(a+\frac{k(b-a)}{n}\right)=\int_{a}^{b}f(x)\,dx$$
である．この等式を用いて，定積分の計算を数列の極限値を求めることによって行う方法を**区分求積法**という（次の例 3.1 を参照）．

例 3.1 次の極限値を定積分を用いて求めよ．

(1) $\displaystyle\lim_{n\to\infty}\frac{1}{n^2}(1+2+\cdots+n)$

(2) $\displaystyle\lim_{n\to\infty}\frac{1}{n^2}(\sqrt{n^2-1^2}+\sqrt{n^2-2^2}+\cdots+\sqrt{n^2-(n-1)^2})$

解 (1) $\displaystyle\lim_{n\to\infty}\frac{1}{n^2}(1+2+\cdots+n)=\lim_{n\to\infty}\left(\frac{1}{n}+\frac{2}{n}+\cdots+\frac{n}{n}\right)\cdot\frac{1}{n}$
$$=\int_{0}^{1}x\,dx=\left[\frac{x^2}{2}\right]_{0}^{1}=\frac{1}{2}$$

(2) $\displaystyle\lim_{n\to\infty}\frac{1}{n^2}(\sqrt{n^2-1^2}+\sqrt{n^2-2^2}+\cdots+\sqrt{n^2-(n-1)^2})$
$$=\lim_{n\to\infty}\frac{1}{n}\left(\sqrt{1-\left(\frac{1}{n}\right)^2}+\sqrt{1-\left(\frac{2}{n}\right)^2}+\cdots+\sqrt{1-\left(\frac{n-1}{n}\right)^2}\right)$$
$$\int_{0}^{1}\sqrt{1-x^2}\,dx=\frac{\pi}{4}\left(\text{半径 } 1 \text{ の円の面積の } \frac{1}{4}\right)$$

（注意） 関数 $f(x)$ が有限個の点のみで不連続であり，それらの点で右側極限値と左側極限値がともに存在するような場合には，考える区間を不連続点によって，有限個の小区間に分けて，それらの小区間の上で，それぞれ定積分を考える．このような関数 $f(x)$ を**区分的連続関数**であるといい，有限閉区間 $I=[a,b]$ 上の区分的連続関数 $f(x)$ は連続関数の場合と同じ議論により，I 上で積分可能であることがわかる．

問 3.1 定積分を利用して，次の極限値を求めよ．

(1) $\displaystyle\lim_{n\to\infty}\left(\dfrac{1}{n+1}+\dfrac{1}{n+2}+\cdots+\dfrac{1}{2n}\right)$

(2) $\displaystyle\lim_{n\to\infty}\left(\dfrac{\pi}{n}\sum_{k=1}^{n}\sin\dfrac{k\pi}{n}\right)$

3.2 不定積分と原始関数

有限閉区間 $I=[a,b]$ 上で積分可能な関数 $f(x)$ に対して定積分 $\int_a^b f(x)\,dx$ において，上端 b を変数 x と考えて

$$F(x)=\int_a^x f(t)\,dt \qquad (a\leq x\leq b)$$

を $f(x)$ の**不定積分**という．前節の定理 3.1 の (iii) により

$$F(x)-F(c)=\int_c^x f(t)\,dt \qquad (a\leq c\leq b)$$

定理 3.4 有限閉区間 $I=[a,b]$ 上で連続，または区分的連続である関数 $f(x)$ の不定積分 $F(x)$ は I 上で連続であり，さらに $f(x)$ の連続点 x で微分可能で

$$F'(x)=\dfrac{d}{dx}\int_a^x f(t)\,dt = f(x)$$

である．

証明は補遺 3.2 を参照．

一般に，区間 I 上の関数 $f(x)$ に対して，$f(x)$ を導関数にもつ関数 $G(x)$ が存在するとき，$G(x)$ を $f(x)$ の**原始関数**という．このとき，$G(x)+C$（C は定数）も $f(x)$ の原始関数である．また，$f(x)$ の原始関数はすべてこの形で表せる．$f(x)$ の原始関数を一般に

$$\int f(x)\,dx = G(x)+C$$

と表し，C を**積分定数**という．連続関数 $f(x)$ は上の定理により原始関数をもち，不定積分が原始関数の1つである．$f(x)$ の原始関数を求めることを $f(x)$ を**（不定）積分する**といい，$f(x)$ を**被積分関数**という．

定理 3.5（微分積分学の基本定理） 連続関数 $f(x)$ の原始関数の 1 つを $G(x)$

とすると
$$\int_a^b f(x)\,dx = G(b) - G(a)$$
($G(b)-G(a)$ を $[G(x)]_a^b$ と表記することが多い)

証明 $f(x)$ の不定積分 $F(x)$ は，$f(x)$ の原始関数の１つであるから
$$F(x) = \int_a^x f(t)\,dt = G(x) + C \quad (C \text{ は定数})$$
と書ける．$x=a$ とおくと，$F(a)=0$ であるから
$$G(a) + C = 0 \quad \therefore \quad C = -G(a)$$
したがって
$$\int_a^x f(t)\,dt = G(x) - G(a)$$
ここで，$x=b$ とおくと
$$\int_a^b f(x)\,dx = \int_a^b f(t)\,dt = G(b) - G(a)$$

定理 3.6（原始関数の線形性） 連続関数 $f(x)$, $g(x)$ に対して

（ⅰ） $\int \{f(x) \pm g(x)\}\,dx = \int f(x)\,dx \pm \int g(x)\,dx$ （複号同順）

（ⅱ） $\int kf(x)\,dx = k \int f(x)\,dx$ （k は定数）

証明 原始関数の定義による．

連続関数 $f(x)$ の原始関数が $G(x)$ であることと，$G'(x)=f(x)$ であることは同じであるから，微分公式から原始関数を求めることができる．

例 3.2 (1) $\int x^\alpha\,dx = \dfrac{1}{\alpha+1} x^{\alpha+1} + C \quad (\alpha \neq -1)$

(2) $\int \dfrac{1}{x}\,dx = \log|x| + C$

(3) $\int \dfrac{f'(x)}{f(x)}\,dx = \log|f(x)| + C$

とくに $\int \tan x\,dx = -\log|\cos x| + C, \quad \int \cot x\,dx = \log|\sin x| + C$

解 (1) $\left(\dfrac{1}{a+1}x^{a+1}\right)' = x^a$

(2) $(\log|x|)' = \dfrac{1}{x}$

(3) $(\log|f(x)|)' = \dfrac{f'(x)}{f(x)}$ で，とくに $f(x) = \cos x$ とおくと

$$\int \tan x\, dx = -\log|\cos x| + C, \quad f(x) = \sin x \text{ とおくと}$$

$$\int \cot x\, dx = \log|\sin x| + C \text{ を得る．}$$

上の例のようにして，原始関数の最も基本的な公式が得られる．

表 3.1 の公式のように，簡単に述べるために，問や練習問題の解などでは，とくに必要にならない限り積分定数を省略することにする．

例 3.3 (1) $\displaystyle\int \dfrac{6x+7}{x^2}\, dx = \int \left(\dfrac{6}{x} + \dfrac{7}{x^2}\right) dx$

$\displaystyle = \int \dfrac{6}{x}\, dx + \int \dfrac{7}{x^2}\, dx = 6\int \dfrac{1}{x}\, dx + 7\int x^{-2}\, dx$

$= 6\log|x| + 7 \times \dfrac{1}{-2+1} x^{-2+1} + C$

$= \log x^6 - \dfrac{7}{x} + C$ （C は積分定数）

(2) $\displaystyle\int \left(\sin\dfrac{x}{2} + \cos\dfrac{x}{2}\right)^2 dx = \int \left(\sin^2\dfrac{x}{2} + 2\sin\dfrac{x}{2}\cos\dfrac{x}{2} + \cos^2\dfrac{x}{2}\right) dx$

$\displaystyle = \int (1+\sin x)\, dx = \int dx + \int \sin x\, dx$

$= x - \cos x + C$ （C は積分定数）

(3) $\displaystyle\int \dfrac{5x - 4\cos^2 x}{x\cos^2 x}\, dx = \int \left(\dfrac{5}{\cos^2 x} - \dfrac{4}{x}\right) dx$

$\displaystyle = 5\int \sec^2 x\, dx - 4\int \dfrac{1}{x}\, dx = 5\tan x - 4\log|x| + C$

$= 5\tan x - \log x^4 + C$ （C は積分定数）

(注意) 上の例の (2) と (3) で用いたように，簡単にするために通例

$$\int 1\, dx = \int dx, \quad \int \dfrac{1}{f(x)}\, dx = \int \dfrac{dx}{f(x)}$$

などと書く．

表 3.1

$f(x)$	$\int f(x)\,dx$	$f(x)$	$\int f(x)\,dx$	$f(x)$	$\int f(x)\,dx$
$x^a\,(a\neq -1)$	$\dfrac{x^{a+1}}{a+1}$	$\tan x$	$-\log|\cos x|$	$\arccos x$	$x\arccos x-\sqrt{1-x^2}$
$\dfrac{1}{x}$	$\log|x|$	$\cot x$	$\log|\sin x|$	$\arctan x$	$x\arctan x-\dfrac{1}{2}\log(1+x^2)$
e^x	e^x	$\cosec x$	$-\log\left|\dfrac{1+\cos x}{\sin x}\right|=\log\left|\tan\dfrac{x}{2}\right|$	$\dfrac{1}{x^2+a^2}\,(a\neq 0)$	$\dfrac{1}{a}\arctan\dfrac{x}{a}$
$\log|x|$	$x\log|x|-x$	$\sec x$	$\log\left|\dfrac{1+\sin x}{\cos x}\right|=\log\left|\tan\left(\dfrac{x}{2}+\dfrac{\pi}{4}\right)\right|$	$\dfrac{1}{\sqrt{a^2-x^2}}\,(a\neq 0)$	$\dfrac{1}{2}\left(x\sqrt{a^2-x^2}+a^2\arcsin\dfrac{x}{|a|}\right)$
$a^x\,(a>0,\,a\neq 1)$	$\dfrac{a^x}{\log a}$	$\cosec^2 ax\,(a\neq 0)$	$-\dfrac{1}{a}\cot ax$	$\dfrac{1}{\sqrt{a^2-x^2}}\,(a\neq 0)$	$\arcsin\dfrac{x}{|a|}$
$\sin ax\,(a\neq 0)$	$-\dfrac{1}{a}\cos ax$	$\sec^2 ax\,(a\neq 0)$	$\dfrac{1}{a}\tan ax$	$\dfrac{1}{\sqrt{x^2+a}}$	$\dfrac{1}{2}(x\sqrt{x^2+a}+a\log|x+\sqrt{x^2+a}|)$
$\cos ax\,(a\neq 0)$	$\dfrac{1}{a}\sin ax$	$\arcsin x$	$x\arcsin x+\sqrt{1-x^2}$	$\dfrac{1}{\sqrt{x^2+a}}$	$\log|x+\sqrt{x^2+a}|$

例 3.4 (1) $(2x^2+3x+1)'=4x+3$ だから

$$\int \frac{4x+3}{2x^2+3x+1}dx = \log|2x^2+3x+1|+C \quad (C \text{ は積分定数})$$

(2) $(9+7x^2)'=14x$, $\dfrac{x}{9+7x^2}=\dfrac{1}{14}\cdot\dfrac{14x}{9+7x^2}$ だから

$$\int \frac{x}{9+7x^2}dx = \frac{1}{14}\log(9+7x^2)+C \quad (C \text{ は積分定数})$$

例 3.5 (1) $\displaystyle\int_0^1 \frac{dx}{1+x^2} = [\arctan x]_0^1 = \arctan 1 - \arctan 0 = \frac{\pi}{4}$

(2) $\displaystyle\int_0^{\pi/2} \cos x\, dx = [\sin x]_0^{\pi/2} = \sin\frac{\pi}{2} - \sin 0 = 1$

(3) $\displaystyle\int_3^2 3^x dx = \left[\frac{3^x}{\log 3}\right]_3^2 = \frac{-18}{\log 3}$

(4) $\displaystyle\int_1^2 \frac{x-3}{x^2}dx = \int_1^2 \frac{1}{x}dx - 3\int_1^2 \frac{1}{x^2}dx$

$$= [\log x]_1^2 + 3\left[\frac{1}{x}\right]_1^2 = \log 2 - \frac{3}{2}$$

不定積分や定積分を求めるときに，与えられた被積分関数の形によっては，以下の定理が有効な手段となることがある．

定理 3.7（部分積分法） 有限閉区間 $[a,b]$ 上の C^1 関数 $f(x)$, $g(x)$ に対して

（ⅰ） $\displaystyle\int f(x)g'(x)\,dx = f(x)g(x) - \int f'(x)g(x)\,dx$

（ⅱ） $\displaystyle\int_a^b f(x)g'(x)\,dx = [f(x)g(x)]_a^b - \int_a^b f'(x)g(x)\,dx$

証明 (ⅱ) を示す．$\{f(x)g(x)\}' = f'(x)g(x)+f(x)g'(x)$ であるから，両辺の $[a,b]$ における定積分を考えると

$$[f(x)g(x)]_a^b = \int_a^b f'(x)g(x)\,dx + \int_a^b f(x)g'(x)\,dx$$

定理 3.8（置換積分法） $f(x)$ を有限閉区間 $[a,b]$ 上の連続関数，$x=\varphi(t)$ を t の C^1 関数で $a=\varphi(\alpha)$, $b=\varphi(\beta)$ であるとすると

（ⅰ） $\displaystyle\int f(x)\,dx = \int f(\varphi(t))\varphi'(t)\,dt$

(ii) $\displaystyle\int_a^b f(x)\,dx = \int_\alpha^\beta f(\varphi(t))\,\varphi'(t)\,dt$

証明 (ii) を示す．$F(x) = \displaystyle\int_a^x f(t)\,dt$ とおく．

$$\frac{d}{dt}\{F(\varphi(t))\} = F'(\varphi(t))\,\varphi(t)' = f(\varphi(t))\,\varphi'(t)$$

であるから，両辺の $[\alpha, \beta]$ における定積分を考えると

$$[F(\varphi(t))]_\alpha^\beta = \int_\alpha^\beta f(\varphi(t))\,\varphi'(t)\,dt$$

一方，$[F(\varphi(t))]_\alpha^\beta = F(\varphi(\beta)) - F(\varphi(\alpha)) = \displaystyle\int_{\varphi(\alpha)}^{\varphi(\beta)} f(t)\,dt$

$$= \int_a^b f(t)\,dt = \int_a^b f(x)\,dx$$

(注意) $\varphi(t)$ が $[\alpha, \beta]$ 上の C^1-関数であるとは，$\varphi'(t)$ が $[\alpha, \beta]$ 上で連続であること．

例 3.6 (1) $\displaystyle\int_0^\pi x \sin x\,dx = -[x \cos x]_0^\pi + \int_0^\pi \cos x\,dx$

$$= \pi + [\sin x]_0^\pi = \pi$$

(2) $\displaystyle\int_1^2 \log x\,dx = [x \log x]_1^2 - \int_1^2 dx$

$$= 2\log 2 - [x]_1^2 = 2\log 2 - 1$$

(3) $\log x = t$ とおくと $\displaystyle\int_1^e \frac{\log x}{x}\,dx = \int_0^1 t\,dt = \frac{1}{2}$

(4) $e^x = t$ とおくと，$x = \log t$ で，$dx/dt = 1/t$ だから

$$\int_0^1 \frac{dx}{e^x + e^{-x}} = \int_1^e \frac{1}{1+t^2}\,dt = [\arctan t]_1^e = \arctan e - \frac{\pi}{4}$$

(注意) 関数のグラフの対称性を用いて定積分を簡単に求めることができる場合がある．

(i) $f(-x) = f(x)$ ならば $\displaystyle\int_{-a}^a f(x)\,dx = 2\int_0^a f(x)\,dx$

(ii) $f(-x) = -f(x)$ ならば $\displaystyle\int_{-a}^a f(x)\,dx = 0$

問 3.2 次の定積分を求めよ．

(1) $\displaystyle\int_1^4 \left(x\sqrt{x}+\frac{2}{x}\right)dx$ (2) $\displaystyle\int_0^{\pi/2}(\sin 2x+\cos 2x)\,dx$

(3) $\displaystyle\int_1^e x\log x\,dx$ (4) $\displaystyle\int_0^1 x^2 e^{2x}\,dx$

(5) $\displaystyle\int_0^1 (2x+1)^4\,dx$ (6) $\displaystyle\int_0^{1/2}\sqrt{1-x^2}\,dx$

(7) $\displaystyle\int_{-\pi}^{\pi}\cos^2 x\,dx$ (8) $\displaystyle\int_{-1}^1 xe^{x^2}\,dx$

3.3 初等関数の原始関数

2つの多項式(整式) $P(x)$, $Q(x)$ の商 $P(x)/Q(x)$ として表せる関数 $f(x)$ を**有理関数**という．

$f(x)$ を有理関数とするとき，$\sqrt[n]{f(x)}$ の形の関数と有理関数との合成関数を**無理関数**という．一般に，$a_0(x), a_1(x), \cdots, a_n(x)$ を有理関数として，$y=f(x)$ が方程式
$$a_n(x)y^n + a_{n-1}(x)y^{n-1}+\cdots+a_0(x)=0$$
を満足するとき，$f(x)$ を**代数関数**という．有理関数や無理関数はすべて代数関数である．代数関数，指数関数と三角関数に，これらの逆関数および合成関数をつくる操作を有限回ほどこして得られる関数を**初等関数**という．

(1) 有理関数の積分

$P(x)$, $Q(x)$ を多項式とし，$f(x)=P(x)/Q(x)$ とする．$f(x)$ は有理関数である．$P(x)$ の次数が $Q(x)$ の次数以上のときは，割り算をして
$$f(x)=\frac{P(x)}{Q(x)}=g(x)+\frac{r(x)}{Q(x)}$$
とできる．ここで，$g(x)$, $r(x)$ は多項式で，$r(x)$ の次数は $Q(x)$ の次数より小さい．多項式 $g(x)$ の積分についてはすでに知っているので $r(x)/Q(x)$ の積分について考える．方程式 $Q(x)=0$ が実数解 α を m 重解としてもつならば，$Q(x)$ は $(x-\alpha)^m$ を因数にもち，複素解 $p+qi(q\ne 0)$ を n 重解としてもつならば，$Q(x)$ は $\{(x-p)^2+q^2\}^n$ を因数にもつことが因数定理によりわかるから，$Q(x)=0$ の実数解を $a_k(k=1,2,\cdots,s)$，それらの重複度をそれぞれ $m_k(k=1,2,\cdots,s)$ とし，複素解を $p_k+q_k i(k=1,2,\cdots,t)$，それらの重複度を $n_k(k=1,2,\cdots,t)$ とすると，有理関数 $r(x)/Q(x)$ は $A_n^{(k)}$, $B_n^{(k)}$, $C_n^{(k)}(n=1,2,\cdots)$ を

定数として
$$\frac{r(x)}{Q(x)} = \sum_{k=1}^{s}\left\{\frac{A_1^{(k)}}{x-\alpha_k}+\frac{A_2^{(k)}}{(x-\alpha_k)^2}+\cdots+\frac{A_{m_k}^{(k)}}{(x-\alpha_k)^{m_k}}\right\}$$
$$+\sum_{k=1}^{t}\left\{\frac{B_1^{(k)}x+C_1^{(k)}}{(x-p_k)^2+q_k^2}+\frac{B_2^{(k)}x+C_2^{(k)}}{\{(x-p_k)^2+q_k^2\}^2}+\cdots+\frac{B_{n_k}^{(k)}x+C_{n_k}^{(k)}}{\{(x-p_k)^2+q_k^2\}^{n_k}}\right\}$$

と一意に表すことができる．これを**部分分数展開**という．

以上により，有理関数 $r(x)/Q(x)$ の積分については

(1) $\displaystyle\int\frac{1}{(x-\alpha)^m}dx$ (2) $\displaystyle\int\frac{Bx+C}{\{(x-p)^2+q^2\}^n}dx$ $(q>0)$

の2つの形の積分を考えればよい．(1)を求めると，C を積分定数として

$$\int\frac{1}{(x-\alpha)^m}dx = \begin{cases}\dfrac{(x-\alpha)^{1-m}}{1-m}+C & (m\neq 1\ \text{のとき})\\[2mm] \log|x-\alpha|+C & (m=1\ \text{のとき})\end{cases} \quad (3.3)$$

である．(2)は $t=x-p$ とおいて

(ⅰ) $\displaystyle\int\frac{t}{(t^2+q^2)^n}dt$ と，(ⅱ) $\displaystyle\int\frac{1}{(t^2+q^2)^n}dt$ の線形結合に分解させる．

(ⅰ)は，さらに $u=t^2+q^2$ とおくと(1)の定数倍に帰着する．(ⅱ)については $I_n(t)=\displaystyle\int\frac{1}{(t^2+q^2)^n}dt$ $(q>0)$ とおくと，部分積分法により

$$I_{n-1}(t) = \int 1\times\frac{1}{(t^2+q^2)^{n-1}}dt = \frac{t}{(t^2+q^2)^{n-1}}+2(n-1)\int\frac{t^2}{(t^2+q^2)^n}dt,$$

一方 $\dfrac{t^2}{(t^2+q^2)^n}=\dfrac{1}{(t^2+q^2)^{n-1}}-\dfrac{q^2}{(t^2+q^2)^n}$ だから

$$\int\frac{t^2}{(t^2+q^2)^n}dt = \int\frac{1}{(t^2+q^2)^{n-1}}dt - \int\frac{q^2}{(t^2+q^2)^n}dt$$

よって $I_{n-1}(t)=\dfrac{t}{(t^2+q^2)^{n-1}}+2(n-1)I_{n-1}(t)-2q^2(n-1)I_n(t)$

これを用いて $I_n(t)$ は $I_{n-1}(t)$ で表され，漸化式

$$\begin{cases} I_n(x) = \dfrac{1}{2q^2(n-1)}\left\{(2n-3)I_{n-1}(x)+\dfrac{x}{(x^2+q^2)^{n-1}}\right\} & (n\geq 2)\\[2mm] I_1(x) = \dfrac{1}{q}\arctan\dfrac{x}{q}\end{cases} \quad (3.4)$$

を得る．

例 3.7 次の関数を部分分数に展開せよ．

(1) $\dfrac{1}{x^2-a^2}$ $(a>0)$ (2) $\dfrac{x}{(x+1)(x+2)}$ (3) $\dfrac{x^2}{(1+x)(1+x^2)}$

解 (1) $\dfrac{1}{x^2-a^2}=\dfrac{1}{(x-a)(x+a)}=\dfrac{A}{x-a}+\dfrac{B}{x+a}$ （A, B は定数）とおくと

$$1=A(x+a)+B(x-a) \quad \therefore \quad (A+B)x+a(A-B)=1$$

ゆえに

$$A+B=0, \quad a(A-B)=1 \quad \therefore \quad A=\dfrac{1}{2a}, \quad B=-\dfrac{1}{2a}$$

$$\therefore \quad \dfrac{1}{x^2-a^2}=\dfrac{1}{2a}\left(\dfrac{1}{x-a}-\dfrac{1}{x+a}\right)$$

(2) 上の場合と同じようにして

$$\dfrac{x}{(x+1)(x+2)}=\dfrac{A}{x+1}+\dfrac{B}{x+2}$$

が成り立つように定数 A, B を定めると，$A=-1$, $B=2$ を得るから

$$\dfrac{x}{(x+1)(x+2)}=\dfrac{-1}{x+1}+\dfrac{2}{x+2}$$

(3) 部分分数の分母が 2 次式のときは分子を次のように 1 次式としなければならない．すなわち

$$\dfrac{x^2}{(1+x)(1+x^2)}=\dfrac{A}{1+x}+\dfrac{Bx+C}{1+x^2}$$

とおくと

$$x^2=(A+B)x^2+(B+C)x+A+C$$

ゆえに

$$A+B=1, \quad B+C=0, \quad A+C=0 \quad \therefore \quad A=B=\dfrac{1}{2}, \quad C=-\dfrac{1}{2}$$

$$\therefore \quad x^2/(1+x)(1+x^2)=\dfrac{1}{2}(1/(1+x)+(x-1)/(1+x^2))$$

例 3.8 積分定数を C として，(1)〜(3) では，例 3.7 の結果を用いる．

(1) $a>0$ のとき，$\displaystyle\int\dfrac{1}{x^2-a^2}dx=\dfrac{1}{2a}\left(\int\dfrac{dx}{x-a}-\int\dfrac{dx}{x+a}\right)$

$$=\dfrac{1}{2a}(\log|x-a|-\log|x+a|)+C=\dfrac{1}{2a}\log\left|\dfrac{x-a}{x+a}\right|+C$$

(2) $\displaystyle\int\dfrac{x}{(x+1)(x+2)}dx=-\int\dfrac{dx}{x+1}+\int\dfrac{2}{x+2}dx$

$$=-\log|x+1|+2\log|x+2|+C=\log\dfrac{(x+2)^2}{|x+1|}+C$$

(3) $\displaystyle\int \frac{x^2}{(1+x)(1+x^2)}\,dx = \frac{1}{2}\int\frac{dx}{1+x} + \frac{1}{2}\int\frac{x}{1+x^2}\,dx - \frac{1}{2}\int\frac{dx}{1+x^2}$

$\displaystyle\qquad\qquad\qquad\qquad = \frac{1}{2}\log|1+x| + \frac{1}{4}\log(1+x^2) - \frac{1}{2}\arctan x + C$

(4) $\displaystyle I = \int\frac{dx}{(x^2+1)^3}$ を求める．式 (3.4) により

$$I = \frac{x}{4(x^2+1)^2} + \frac{3}{4}\int\frac{dx}{(x^2+1)^2} \quad \text{で}$$

$$\int\frac{dx}{(x^2+1)^2} = \frac{x}{2(x^2+1)} + \frac{1}{2}\arctan x$$

だから

$$I = \frac{x}{4(x^2+1)^2} + \frac{3x}{8(x^2+1)} + \frac{3}{8}\arctan x + C$$

問 3.3 次の不定積分を求めよ．

(1) $\displaystyle\int\frac{dx}{x(x-1)}$ 　　(2) $\displaystyle\int\frac{2x-1}{x(x+1)}\,dx$

(3) $\displaystyle\int\frac{dx}{(x-1)(x^2+1)^2}$ 　　(4) $\displaystyle\int\frac{x^4}{(x^2-1)^2}\,dx$

　有理関数以外の初等関数の不定積分は，一般には初等関数では表せないことがわかっているが $\left(\text{例えば } \displaystyle\int\frac{1}{\sqrt{1-x^4}}\,dx,\ \int\frac{e^x}{x}\,dx \text{ など}\right)$，以下では置換積分法により，有理関数の不定積分に帰着できる（このことを**有理化**できるという）場合について述べる．

（2） 三角関数の積分

　$R(x, y)$ を 2 つの変数 $x,\ y$ についての有理関数とするとき

$$\int R(\sin\theta, \cos\theta)\,d\theta$$

は，$t=\tan(\theta/2)$ とおくことにより，t の有理関数の積分に帰着される．このとき

$$\sin\theta = \frac{2t}{1+t^2}, \quad \cos\theta = \frac{1-t^2}{1+t^2}, \quad d\theta = \frac{2}{1+t^2}\,dt$$

である．とくに

　$\displaystyle\int R(\sin 2\theta,\ \cos 2\theta)\,d\theta$ のときは，$t = \tan\theta$ とおく方が簡単である．また，$R(x)$ を x の有理関数とするとき

$$\int R(\sin\theta)\cos\theta\,d\theta \text{ は } t=\sin\theta,\quad \int R(\cos\theta)\sin\theta\,d\theta \text{ は } t=\cos\theta$$

とおくと簡単に有理化される．

次に，重要な"$\sin^m x \cos^n x$"の積分について述べる．

$$I(m, n) = \int \sin^m x \cdot \cos^n x\, dx \quad (m,\ n\ \text{は整数})$$

は，部分積分法を用いて計算することにより，次の4つの漸化式をみたすことが示される．

$$I(m, n) = \frac{\sin^{m+1} x \cdot \cos^{n-1} x}{m+n} + \frac{n-1}{m+n} I(m, n-2) \ (m+n \neq 0) \quad (3.5)$$

$$I(m, n) = -\frac{\sin^{m-1} x \cdot \cos^{n+1} x}{m+n} + \frac{m-1}{m+n} I(m-2, n) \ (m+n \neq 0) \quad (3.6)$$

$$I(m, n) = -\frac{\sin^{m+1} x \cdot \cos^{n+1} x}{n+1} + \frac{m+n+2}{n+1} I(m, n+2) \ (n \neq -1) \quad (3.7)$$

$$I(m, n) = \frac{\sin^{m+1} x \cdot \cos^{n+1} x}{m+1} + \frac{m+n+2}{m+1} I(m+2, n) \ (m \neq -1) \quad (3.8)$$

これらの漸化式のうち，(3.5)と(3.6)は $n,\ m$ が正のとき，(3.7)，(3.8)は $n,\ m$ が負のときに用いられる．何回かくり返して用いると，結局，次の積分に帰着される．証明は補遺3.3を参照．

表 3.2

$I(-1, -1) = \log\lvert\tan x\rvert$	$I(0, -1) = \log\left\lvert\tan\left(\dfrac{x}{2} + \dfrac{\pi}{4}\right)\right\rvert$
$I(1, -1) = -\log\lvert\cos x\rvert$	$I(-1, 0) = \log\left\lvert\tan\dfrac{x}{2}\right\rvert$
$I(0, 0) = x$	$I(-1, 1) = \log\lvert\sin x\rvert$
$I(1, 0) = -\cos x$	$I(1, 1) = \dfrac{1}{2}\sin^2 x$
$I(0, 1) = \sin x$	

例 3.9 積分定数を C とする．

(1) $\tan\dfrac{x}{2} = t$ とおくと $\displaystyle\int \frac{\sin x}{1 + \sin x + \cos x} dx$

$$= \int \frac{\dfrac{2t}{1+t^2}}{1 + \dfrac{2t}{1+t^2} + \dfrac{1-t^2}{1+t^2}} \cdot \frac{2}{1+t^2} dt = \int \frac{2t}{(t+1)(t^2+1)} dt$$

$$= \int \left(\frac{t+1}{t^2+1} - \frac{1}{t+1}\right) dt = \frac{1}{2}\log(t^2+1) + \arctan t - \log\lvert t+1\rvert + C$$

$$= \frac{x}{2} - \log\left|\sin\frac{x}{2} + \cos\frac{x}{2}\right| + C$$

(2) $ab \neq 0$ のとき，$\tan x = t$ とおくと $\displaystyle\int \frac{dx}{a^2\cos^2 x + b^2\sin^2 x}$

$$= \int \frac{1}{a^2 + b^2\tan^2 x} \cdot \frac{1}{\cos^2 x} dx = \int \frac{dt}{a^2 + b^2 t^2}$$

$$= \frac{1}{ab}\arctan\frac{b}{a}t + C = \frac{1}{ab}\arctan\left(\frac{b}{a}\tan x\right) + C$$

(3) $\sin x = t$ とおくと $\displaystyle\int \sin^5 x \cos x\, dx = \int t^5 dt$

$$= \frac{t^6}{6} + C = \frac{1}{6}\sin^6 x + C$$

(4) $\cos x = t$ とおくと $\displaystyle\int \sin^3 x \cos^4 x\, dx = \int (\sin^2 x \cos^4 x)\sin x\, dx$

$$= -\int (1 - t^2) t^4 dt = \frac{1}{7}\cos^7 x - \frac{1}{5}\cos^5 x + C$$

(5) $I(-2, 4) = \displaystyle\int \frac{\cos^4 x}{\sin^2 x} dx$ を計算する．

(3.5) により $I(-2, 4) = \dfrac{(\sin x)^{-1}\cos^3 x}{2} + \dfrac{3}{2} I(-2, 2)$

(3.8) により $I(-2, 2) = \dfrac{(\sin x)^{-1}\cos^3 x}{(-1)} + \dfrac{2}{(-1)} I(0, 2)$

(3.5) により $I(0, 2) = \dfrac{\sin x \cos x}{2} + \dfrac{1}{2} I(0, 0)$

よって

$$\int \frac{\cos^4 x}{\sin^2 x} dx = -\frac{\cos^3 x}{\sin x} - \frac{3}{4}\sin 2x - \frac{3}{2}x + C \quad (C は積分定数)$$

問 3.4 次の不定積分を求めよ．

(1) $\displaystyle\int \frac{\sin^2 x}{\cos^3 x} dx$ (2) $\displaystyle\int \frac{1 - 2\cos x}{5 - 4\cos x} dx$

(3) $\displaystyle\int \frac{1}{\sin x} dx$ (4) $\displaystyle\int \frac{1}{\cos^2 x - \sin^2 x} dx$

（3）無理関数の積分

$R(x, y)$ を 2 つの変数 x, y の有理関数とするとき

$$\int R\left(x, \sqrt[n]{\frac{ax+b}{cx+d}}\right) dx, \quad \int R(x, \sqrt{ax^2 + bx + c})\, dx$$

の形の積分を考える．これらの積分は適当な変数変換により有理化される．

(1) $I=\int R\left(x, \sqrt[n]{\dfrac{ax+b}{cx+d}}\right)dx$ （ただし，n は自然数，$ad-bc\neq 0$ とする）については，$t=\sqrt[n]{\dfrac{ax+b}{cx+d}}$ とおくと $x=\dfrac{dt^n-b}{-ct^n+a}$ で，$dx=\dfrac{n(ad-bc)\,t^{n-1}}{(ct^n-a)^2}dt$ だから

$$I=\int R\left(\dfrac{dt^n-b}{-ct^n+a},\,t\right)\dfrac{n(ad-bc)\,t^{n-1}}{(ct^n-a)^2}dt$$

と有理化される．

(2) $I=\int R(x,\sqrt{ax^2+bx+c})\,dx$ （ただし，$D=b^2-4ac\neq 0$，$a\neq 0$ とする）

(ⅰ) $a>0$ のとき $\sqrt{ax^2+bx+c}=t-\sqrt{a}\,x$ とすると

$$x=\dfrac{t^2-c}{b+2\sqrt{a}\,t},\qquad dx=\dfrac{2(\sqrt{a}\,t^2+bt+\sqrt{a}\,c)}{(2\sqrt{a}\,t+b)^2}dt$$

だから

$$I=\int R\left(\dfrac{t^2-c}{b+2\sqrt{a}\,t},\,t-\dfrac{\sqrt{a}\,(t^2-c)}{b+2\sqrt{a}\,t}\right)\dfrac{2(\sqrt{a}\,t^2+bt+\sqrt{a}\,c)}{(2\sqrt{a}\,t+b)^2}dt$$

と有理化される（$\sqrt{ax^2+bx+c}=t+\sqrt{a}\,x$ とおいても，有理化される）．

(ⅱ) $a<0$ のとき，$D>0$ のときを考えるのだから $ax^2+bx+c=a(x-\alpha)(x-\beta)$ $(\alpha<\beta)$ とすると，$\sqrt{\dfrac{a(x-\beta)}{x-\alpha}}=t$ とおくと $\sqrt{ax^2+bx+c}=(x-\alpha)\,t$，$x=\dfrac{\beta a-\alpha t^2}{a-t^2}$，$dx=\dfrac{2a(\beta-\alpha)\,t}{(a-t^2)^2}dt$ だから

$$I=\int R\left(\dfrac{\beta a-\alpha t^2}{a-t^2},\,(x-\alpha)\,t\right)\dfrac{2a(\beta-\alpha)\,t}{(a-t^2)^2}dt$$

と有理化される（$a>0$ のときでも $D>0$ であれば，この変換で有理化される）．

(ⅲ) $\sqrt{ax^2+bx+c}$ がとくに $\sqrt{a^2-x^2}$，$\sqrt{x^2-a^2}$，$\sqrt{x^2+a^2}$ $(a>0)$ のときには，適当な変数変換により，三角関数の積分に帰着できる．

$$\int R(x,\sqrt{a^2-x^2})\,dx \quad (a>0)\ \text{は}\ x=a\sin\theta$$

$$\int R(x,\sqrt{x^2-a^2})\,dx \quad (a>0)\ \text{は}\ x=a\sec\theta$$

$$\int R(x,\sqrt{x^2+a^2})\,dx \quad (a>0)\ \text{は}\ x=a\tan\theta$$

とおくと，それぞれ三角関数の積分になる．

(注意) $\int x^\alpha (ax^\beta + b)^{m/n} dx$ （α, β は有理数，m は整数，n は自然数）は特別な場合には適当な変数変換によって，有理化される．

(i) $a \neq 0$, $\beta \neq 0$ で $(\alpha+1)/\beta$ が整数のとき $(ax^\beta + b)^{1/n} = t$ とおくと
$$x = \left(\frac{t^n - b}{a}\right)^{1/\beta}, \quad dx = \frac{nt^{n-1}}{a\beta x^{\beta-1}} dt \text{ で有理化される．}$$

(ii) $b \neq 0$, $\beta \neq 0$ で $(\alpha+1)/\beta + m/n$ が整数のとき $(a + bx^{-\beta})^{1/n} = t$ とおくと
$$x = \left(\frac{b}{t^n - a}\right)^{1/\beta}, \quad dx = \frac{-nt^{n-1}}{b\beta x^{-\beta-1}} dt \text{ で有理化される．}$$

例 3.10 積分定数を C とする．

(1) $I = \int \frac{1}{x} \sqrt{\frac{1+x}{1-x}} dx$ を求める．$t = \sqrt{\frac{1+x}{1-x}}$ とおくと $x = \frac{t^2-1}{t^2+1}$
だから $I = 4\int \frac{t^2+1}{t^2-1} \cdot t \cdot \frac{t}{(t^2+1)^2} dt = 4\int \frac{t^2}{(t^2-1)(t^2+1)} dt$
$= \int \left\{\frac{1}{t-1} - \frac{1}{t+1} + \frac{2}{t^2+1}\right\} dt$
$= \log|t-1| - \log|t+1| + 2\arctan t + C$
$= \log\left|\sqrt{\frac{1+x}{1-x}} - 1\right| - \log\left|\sqrt{\frac{1+x}{1-x}} + 1\right| + 2\arctan\sqrt{\frac{1+x}{1-x}} + C$
$= \log\left|\frac{\sqrt{1+x} - \sqrt{1-x}}{\sqrt{1+x} + \sqrt{1-x}}\right| + 2\arctan\sqrt{\frac{1+x}{1-x}} + C$

(2) $a > 0$ のとき，$\sqrt{x^2 + a^2} = t - x$ とおくと，$x = (t^2 - a^2)/2t$ だから
$$\int \frac{dx}{\sqrt{x^2+a^2}} = \int \frac{1}{t} dt = \log|t| + C = \log|x + \sqrt{x^2+a^2}| + C$$

(3) $a > 0$ のとき，$x = a\sin\theta$ とおくと $\sqrt{a^2 - x^2} = a|\cos\theta|$ であるから，
$$\int_0^a \sqrt{a^2-x^2}\, dx = a^2 \int_0^{\pi/2} \cos^2\theta\, d\theta = a^2 \int_0^{\pi/2} \frac{1+\cos 2\theta}{2} d\theta$$
$$= \frac{a^2}{2}\left[\theta + \frac{1}{2}\sin 2\theta\right]_0^{\pi/2} = \frac{\pi}{4} a^2$$

(4) $(x^2+1)^{1/3} = t$ とおくと，$x^2+1 = t^3$, $x\, dx = \frac{3}{2} t^2 dt$ だから
$$\int x^3 (1+x^2)^{-2/3} dx = \int (t^3-1) \cdot t^{-2} \cdot \frac{3}{2} t^2 dt = \frac{3}{2} \int (t^3-1)\, dt$$
$$= \frac{3}{2}\left(\frac{t^4}{4} - t\right) + C = \frac{3}{8} t^4 - \frac{3}{2} t + C$$

$$= \frac{3}{8}(x^2-3)(x^2+1)^{1/3}+C$$

(注意1) 上の例 3.10 の (3) で, 不定積分の結果を x で表すには, $x=a\sin\theta$ から $\theta=\arcsin(x/a)$, $\sin 2\theta = 2\sin\theta \cdot \sqrt{1-\sin^2\theta} = (2x/a^2)\cdot\sqrt{a^2-x^2}$
したがって $\int \sqrt{a^2-x^2}\,dx = \frac{1}{2}a^2\arcsin\frac{x}{a} + \frac{1}{2}x\sqrt{a^2-x^2} + C$
となるが, 定積分を求める場合には必要でない.

(注意2) 三角関数や無理関数は表示の仕方が一意ではないので注意を要する. 例えば

$$\arcsin x = \arctan\frac{x}{\sqrt{1-x^2}}, \quad \frac{x-1+\sqrt{1+x^2}}{x+1-\sqrt{1+x^2}} = x+\sqrt{1+x^2}$$

である. また, 問 3.4 の (1) の巻末の解答の注意を参照.

問 3.5 次の不定積分を求めよ.

(1) $\displaystyle\int x\sqrt{x+a}\,dx$ (2) $\displaystyle\int \frac{x}{\sqrt{2-x-x^2}}\,dx$

(3) $\displaystyle\int \frac{dx}{x\sqrt{x^2+1}}$ (4) $\displaystyle\int x^4(2+x^4)^{-1/4}\,dx$

3.4 広義積分

今までは, 有限閉区間 $[a,b]$ で連続な関数について, $[a,b]$ での積分を考えてきたが, この積分の定義を拡張して, (1) 積分区間 $[a,b]$ に関数の不連続点がある場合, (2) 積分区間が無限区間 $((-\infty,b],[a,+\infty),(-\infty,+\infty))$ である場合について考える. 拡張された積分を**広義積分**という.

(1) 特異積分

$f(x)$ が区間 $(a,b]$ で連続であるが, $x=a$ では連続でないとき (不連続点 a は $f(x)$ の**特異点**ともいわれる) **広義積分（特異積分）**を

$$\int_a^b f(x)\,dx = \lim_{\varepsilon\to +0}\int_{a+\varepsilon}^b f(x)\,dx$$

によって定義し, 右辺の極限値が存在するとき広義積分 (特異積分) $\displaystyle\int_a^b f(x)\,dx$ は**収束する**といい, 右辺の極限値が存在しないとき, $\displaystyle\int_a^b f(x)\,dx$ は**発散する**という. $f(x)$ が区間 $[a,b)$ で連続で, $x=b$ で連続でない (点 b が特異点である)

ときも同様で，広義積分は
$$\int_a^b f(x)\,dx = \lim_{\varepsilon \to +0} \int_a^{b-\varepsilon} f(x)\,dx$$
で定義される．

（2） 無限積分

$f(x)$ が $[a, \infty)$ で連続であるとき，広義積分を
$$\int_a^{+\infty} f(x)\,dx = \lim_{T \to \infty} \int_a^T f(x)\,dx$$
$f(x)$ が $(-\infty, b]$ で連続であるとき，広義積分を
$$\int_{-\infty}^b f(x)\,dx = \lim_{T \to -\infty} \int_T^b f(x)\,dx$$
と定義して，それぞれ右辺の極限値が存在するとき，$\int_a^\infty f(x)\,dx$, $\int_{-\infty}^b f(x)\,dx$ は**収束する**といい，極限値が存在しないとき，**発散する**という．

（3） $-\infty \leq a < b \leq \infty$ のとき

区間 (a, b) の n 個の点 $c_1, c_2, \cdots, c_n$ ($c_1 < c_2 < \cdots < c_n$) で不連続の場合には区間 (a, b) を有限個の小区間 $a < c_1 < c_2 < \cdots < c_n < b$ に分割して
$$\int_a^{c_1} f(x)\,dx, \int_{c_1}^{c_2} f(x)\,dx, \cdots, \int_{c_n}^b f(x)\,dx$$
がすべて，(1)，(2)の意味で収束するならば，広義積分を
$$\int_a^b f(x)\,dx = \int_a^{c_1} f(x)\,dx + \int_{c_1}^{c_2} f(x)\,dx + \cdots + \int_{c_n}^b f(x)\,dx$$
て定義する．

（4） 広義積分の収束定理

定理 3.9（ⅰ）$f(x)$ が区間 $(a, b]$ で連続で，$x = a$ が特異点であるとき，広義積分 $\int_a^b f(x)\,dx$ が収束するための必要十分条件は，任意の正数 ε に対して，ある正数 δ が存在して，$a < p < q < a + \delta$ をみたす任意の p, q に対して
$$\left| \int_p^q f(x)\,dx \right| < \varepsilon$$
となることである（$[a, b)$ で連続で，b が特異点のときも同様のことが成立する）．

（ⅱ）$f(x)$ が区間 $[a, \infty)$ で連続するとき，広義積分 $\int_a^\infty f(x)\,dx$ が収束す

るための必要十分条件は，任意の正数 ε に対して，ある数 $T>a$ が存在して，$T<p<q$ をみたす任意の p, q に対して

$$\left|\int_p^q f(x)\,dx\right|<\varepsilon$$

となることである（$(-\infty, b]$ で連続のときも同様のことが成立する）．

証明　補遺 3.4 を参照．

定理 3.10（比較判定法）

(i) $f(x)$, $g(x)$ は $(a, b]$ で連続で，$x=a$ が特異点であり，$0\leqq f(x)\leqq g(x)$ とする．
　(1) $\int_a^b g(x)\,dx$ が収束すれば，$\int_a^b f(x)\,dx$ は収束する．
　(2) $\int_a^b f(x)\,dx$ が発散すれば，$\int_a^b g(x)\,dx$ は発散する．
　（$[a, b)$ で連続で，$x=b$ が特異点であるときも，同様のことが成立する．）

(ii) $f(x)$, $g(x)$ は $[a, \infty)$ で連続で，$0\leqq f(x)\leqq g(x)$ とする．
　(1) $\int_a^\infty g(x)\,dx$ が収束すれば，$\int_a^\infty f(x)\,dx$ は収束する．
　(2) $\int_a^\infty f(x)\,dx$ が発散すれば，$\int_a^\infty g(x)\,dx$ は発散する．
　（$(-\infty, b]$ で連続のときも，同様のことが成立する）

証明　(i) $\varepsilon>0$ とする．$\int_{a+\varepsilon}^b f(x)\,dx$, $\int_{a+\varepsilon}^b g(x)\,dx$ はともに，$\varepsilon\to 0$ のとき単調増加であり，$0\leqq\int_{a+\varepsilon}^b f(x)\,dx\leqq\int_{a+\varepsilon}^b g(x)\,dx$
　(1) $\int_a^b g(x)\,dx$ が収束すれば，$\int_{a+\varepsilon}^b f(x)\,dx\leqq\int_a^b g(x)\,dx$ で，$\int_{a+\varepsilon}^b f(x)\,dx$ は $\varepsilon\to 0$ のとき，上に有界であるから，$\int_a^b f(x)\,dx$ は収束する．
　(2) $\int_a^b f(x)\,dx=\infty$（発散）であれば，$\int_a^b g(x)\,dx=\lim_{\varepsilon\to 0}\int_{a+\varepsilon}^b g(x)\,dx=\infty$ で，発散する．

(ii) $T>a$ とする．$\int_a^T f(x)\,dx$, $\int_a^T g(x)\,dx$ は $T\to\infty$ のとき，ともに単調増加であり，

$$0\leqq\int_a^T f(x)\,dx\leqq\int_a^T g(x)\,dx$$

(1) $\int_a^\infty g(x)\,dx$ が収束すれば $\int_a^T f(x)\,dx \leq \int_a^\infty g(x)\,dx$ で,$\int_a^T f(x)\,dx$ は $T \to \infty$ のとき上に有界であるから,$\int_a^\infty f(x)\,dx$ は収束する.

(2) $\int_a^\infty f(x)\,dx = \infty$(発散)であれば,$\int_a^\infty g(x)\,dx = \lim_{T\to\infty}\int_a^T g(x)\,dx = \infty$ で,発散する.

(注意 1) $f(x) \geq 0$ のとき,広義積分 $\int_a^b f(x)\,dx$, $\int_a^\infty f(x)\,dx$ が収束すれば,それらは有限値で,発散すれば ∞ に発散するから,収束することを $\int_a^b f(x)\,dx < \infty$, $\int_a^\infty f(x)\,dx < \infty$ で表し,発散することを $\int_a^b f(x)\,dx = \infty$, $\int_a^\infty f(x)\,dx = \infty$ で表す.$\int_{-\infty}^b f(x)\,dx$ についても同様である.また,∞ を $+\infty$ と書くこともある.

(注意 2) $f(x) \leq 0$ のときや,定符号でないときでも,$|f(x)| \leq g(x)$ であるときには,定理 3.10 で $f(x)$ のかわりに $|f(x)|$ とおきかえて得られる定理が成立する.

広義積分 $\int_a^b |f(x)|\,dx\,(-\infty \leq a < b \leq \infty)$ が収束するとき,$\int_a^b f(x)\,dx$ は**絶対収束**する,または $f(x)$ はその区間で**絶対可積分**であるといわれる.絶対収束すれば,収束することは広義積分についても $\left|\int_a^b f(x)\,dx\right| \leq \int_a^b |f(x)|\,dx$ が成立することから示される.しかし,収束しても,絶対収束するとは限らない.反例については補遺 3.5 を参照.

定理 3.11(i)$f(x)$ は $(a, b]$ で連続で,$\lambda < 1$ をみたす λ に対して $(x-a)^\lambda f(x)$ が $(a, b]$ で有界ならば,$\int_a^b f(x)\,dx$ は絶対収束する($[a, b)$ で連続で,$x = b$ が特異点であるときは,$(b-x)^\lambda f(x)$ の有界性を仮定すると,同様のことが成立する).

(ii)$f(x)$ は $[a, \infty)$ で連続で,$\lambda > 1$ をみたす λ に対して $x^\lambda f(x)$ が十分大きな x について有界ならば $\int_a^\infty f(x)\,dx$ は絶対収束する($(-\infty, b]$ で連続の場合は x が十分小さいときの $(-x)^\lambda f(x)$ の有界性を仮定して,同様のことが成立する).

証明(i)ある定数 M が存在して $|f(x)| \leq M(x-a)^{-\lambda}$ であるから,$a < p < q < b$ のとき

$$\int_p^q |f(x)|\,dx \leq M\int_p^q (x-a)^{-\lambda}\,dx = \frac{M}{1-\lambda}\{(q-a)^{1-\lambda} - (p-a)^{1-\lambda}\}$$

$q \to a+0$ とすると,定理 3.9 の (i) により, $\int_a^b f(x)\,dx$ は絶対収束する.

(ii) ある定数 M とある数 $T(>a)$ が存在して $|f(x)| \leq Mx^{-\lambda}$, $x \geq T$ であるから, $T < p < q < \infty$ のとき

$$\int_p^q |f(x)|\,dx \leq M \int_p^q x^{-\lambda}\,dx = \frac{M}{1-\lambda}(q^{1-\lambda} - p^{1-\lambda})$$

$p \to \infty$ とすると,定理 3.9 の (ii) により $\int_a^\infty f(x)\,dx$ は絶対収束する.

例 3.11 (1) $\int_0^1 \frac{dx}{x^\alpha}\,(\alpha>0)$ は $x=0$ を特異点にもつ広義積分で, $\alpha \neq 1$ のとき,

$$\int_0^1 \frac{dx}{x^\alpha} = \lim_{\varepsilon \to +0} \int_\varepsilon^1 \frac{dx}{x^\alpha}$$

$$= \lim_{\varepsilon \to +0} \left[\frac{x^{1-\alpha}}{1-\alpha}\right]_\varepsilon^1 = \lim_{\varepsilon \to +0} \frac{1-\varepsilon^{1-\alpha}}{1-\alpha} = \begin{cases} \dfrac{1}{1-\alpha} & (0<\alpha<1 \text{ のとき}) \\ \infty & (\alpha>1 \text{ のとき}) \end{cases}$$

また, $\alpha=1$ のとき $\int_0^1 \frac{dx}{x} = \lim_{\varepsilon \to +0} \int_\varepsilon^1 \frac{dx}{x} = \lim_{\varepsilon \to +0} [\log x]_\varepsilon^1$

$$= \lim_{\varepsilon \to +0}(-\log \varepsilon) = \infty$$

(2) $I = \int_1^\infty \frac{dx}{x^\alpha}$ ($\alpha>0$) は広義積分(無限積分)であるから $\alpha \neq 1$ のとき

$$I = \lim_{T \to +\infty} \int_1^T \frac{dx}{x^\alpha} = \lim_{T \to \infty}\left[\frac{x^{1-\alpha}}{1-\alpha}\right]_1^T = \lim_{T \to \infty} \frac{T^{1-\alpha}-1}{1-\alpha}$$

$$= \begin{cases} \dfrac{1}{\alpha-1} & (\alpha>1 \text{ のとき}) \\ \infty & (0<\alpha<1 \text{ のとき}) \end{cases}$$

また, $\alpha=1$ のとき $I = \lim_{T \to \infty} \int_1^T \frac{dx}{x} = \lim_{T \to \infty} [\log x]_1^T$

$$= \lim_{T \to \infty} \log T = \infty$$

(3) 広義積分 $\int_{-1}^1 \frac{dx}{\sqrt{1-x^2}} = \lim_{\substack{\varepsilon \to +0 \\ \eta \to +0}} \int_{-1+\varepsilon}^{1-\eta} \frac{dx}{\sqrt{1-x^2}}$

$$= \lim_{\substack{\varepsilon \to +0 \\ \eta \to +0}} [\arcsin x]_{-1+\varepsilon}^{1-\eta} = \lim_{\substack{\varepsilon \to +0 \\ \eta \to +0}} \{\arcsin(1-\eta) - \arcsin(-1+\varepsilon)\}$$

$$= \frac{\pi}{2} - \left(-\frac{\pi}{2}\right) = \pi$$

(4) 広義積分 $\displaystyle\int_1^\infty \frac{dx}{x(1+x^2)} = \lim_{T\to\infty}\int_1^T \frac{dx}{x(1+x^2)}$ （$T>1$）

$$= \lim_{T\to\infty}\int_1^T \left(\frac{1}{x} - \frac{x}{1+x^2}\right)dx = \lim_{T\to\infty}\left[\log x - \frac{1}{2}\log(1+x^2)\right]_1^T$$

$$= \lim_{T\to\infty}\frac{1}{2}\left(\log\frac{T^2}{1+T^2} + \log 2\right) = \frac{1}{2}\log 2$$

（注意） 上の例 3.11 の (3), (4) のように極限値が簡単にわかるときは，次のように書いてもよい．

(3) $\displaystyle\int_{-1}^1 \frac{dx}{\sqrt{1-x^2}} = [\arcsin x]_{-1}^1 = \arcsin 1 - \arcsin(-1) = \frac{\pi}{2} - \left(-\frac{\pi}{2}\right) = \pi$,

$$\int_1^\infty \frac{dx}{x(1+x^2)} = \int_1^\infty \left(\frac{1}{x} - \frac{x}{1+x^2}\right)dx = \left[\log x - \frac{1}{2}\log(1+x^2)\right]_1^\infty$$

$$= \frac{1}{2}\left[\log\frac{x^2}{1+x^2} + \log 2\right]_1^\infty = \frac{1}{2}\log 2$$

例 3.12 (1) $p>0$, $q>0$ のとき，$B(p,q) = \displaystyle\int_0^1 x^{p-1}(1-x)^{q-1}dx$ は収束する．p, q の関数 $B(p,q)$ を**ベータ関数**という．

(2) $p>0$ のとき $\Gamma(p) = \displaystyle\int_0^\infty x^{p-1}e^{-x}dx$ は収束する．p の関数 $\Gamma(p)$ を**ガンマ関数**という．

証明 (1) $I_1 = \displaystyle\int_0^{1/2} x^{p-1}(1-x)^{q-1}dx$, $I_2 = \displaystyle\int_{1/2}^1 x^{p-1}(1-x)^{q-1}dx$ とおくと，$B(p,q) = I_1 + I_2$ である．$0<p<1$ のとき，I_1 は $x=0$ を特異点にもつが，$[0,1/2]$ で $(1-x)^{q-1} \leq \max(1, (1/2)^{q-1})$ であり，$\displaystyle\int_0^{1/2} x^{p-1}dx$ が収束するから I_1 は収束する．

$0<q<1$ のとき I_2 は $x=1$ を特異点にもつが，I_1 のときと同様で，$\displaystyle\int_{1/2}^1 (1-x)^{q-1}dx = \int_0^{1/2} x^{q-1}dx$ が収束することから，I_2 は収束する．よって，$B(p,q)$ は収束する．

(2) $I_1 = \displaystyle\int_0^1 x^{p-1}e^{-x}dx$, $I_2 = \displaystyle\int_1^\infty x^{p-1}e^{-x}dx$ とおくと，$\Gamma(p) = I_1 + I_2$ である．$0<p<1$ のときは，I_1 で $x=0$ が特異点になるが，$x^{p-1}e^{-x} \leq 1/x^{1-p}$ だから，収束する．I_2 については $\displaystyle\lim_{x\to\infty} x^2 x^{p-1}e^{-x} = 0$ だから，十分大きい x について $x^{p-1}e^{-x} \leq 1/x^2$ が成立する．よって，I_2 は収束する．した

たがって，$\Gamma(p)$ は収束する．

問 3.6 次の積分の収束・発散を調べ，収束するときは積分の値を求めよ．

(1) $\displaystyle\int_0^1 \log x \, dx$ 　　(2) $\displaystyle\int_0^2 \frac{dx}{\sqrt{x(2-x)}}$

(3) $\displaystyle\int_0^\infty \frac{dx}{(1+x^2)^2}$ 　　(4) $\displaystyle\int_1^\infty \frac{dx}{\sqrt{x}}$

問 3.7 p, q を正の実数，m, n を自然数とするとき，次を証明せよ．

(1) $B(p, q) = B(q, p)$ 　　(2) $B(p+1, q) = \dfrac{p}{q} B(p, q+1)$

(3) $B(m, n) = \dfrac{(m-1)!(n-1)!}{(m+n-1)!}$

(4) $B(p, q) = 2 \displaystyle\int_0^{\pi/2} \sin^{2p-1} x \cos^{2q-1} x \, dx$ 　　(5) $B\left(\dfrac{1}{2}, \dfrac{1}{2}\right) = \pi$

(6) $\Gamma(p+1) = p\Gamma(p)$ 　　(7) $\Gamma(1) = 1$ 　　(8) $\Gamma(n) = (n-1)!$

(9) $B(m, n) = \dfrac{\Gamma(m)\Gamma(n)}{\Gamma(m+n)}$

(注意) 一般には正の実数 p, q について $B(p, q) = (\Gamma(p)\Gamma(q))/(\Gamma(p+q))$ が成立する．

証明 『基礎微分積分学II』の第 2 章の重積分を参照．

3.5　定積分の近似値

関数 $f(x)$ の不定積分を初等関数で簡単に表示できれば定積分 $\displaystyle\int_a^b f(x) \, dx$ の値を正確に求めることができるが，そういう場合でないときでも定積分の値を知りたいことがある．また，$f(x)$ の形そのものは明確でないが，いくつかの x に対する値が知られていることは，実験や観測などでよく生ずることである．

積分区間 $[a, b]$ を n 等分し，この分点を
$$a = x_0 < x_1 < \cdots < x_{n-1} < x_n = b$$
とする．さらに，それらの分点の中点 $(x_{i-1} + x_i)/2$ 　$(i = 1, \cdots, n)$ をも分点に加えると，$[a, b]$ を $2n$ 等分することになる．

3.5 定積分の近似値

$h=\dfrac{b-a}{2n}$ とし,$\xi_k=a+kh$ $(k=0,1,2,\cdots,2n)$

とおくと,$\xi_{2j}=x_j(j=0,1,\cdots,n)$,$\xi_{2j-1}=(x_{j-1}+x_j)/2(j=1,2,\cdots,n)$ である.このとき,$y_k=f(\xi_k)$ とおくことにする.

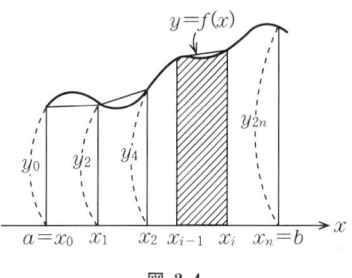

(1) 台形公式

$f(x)$ が $[a,b]$ で C^2 級の関数のとき,近似公式 $\displaystyle\int_a^b f(x)\,dx \fallingdotseq ((b-a)/2n)\{y_0+2(y_2+\cdots+y_{2(n-1)})+y_{2n}\}$ が成立する.図 3.4 で説明すると,これは $\displaystyle\int_{x_{i-1}}^{x_i} f(x)\,dx$ が近似的に斜線部分(台形)の面積であると考えて得られる.

図 3.4

すなわち,$[x_{i-1},x_i]$ における $y=f(x)$ の部分を近似的に 2 点 $(x_{i-1},f(x_{i-1}))$ と $(x_i,f(x_i))$ を結ぶ線分と考えて得られる.

(2) シンプソン (Simpson) の公式

$f(x)$ が $[a,b]$ で C^4 級の関数であるとする.

図 3.5 で説明する.まず,$y=f(x)$ 上の 3 点 $P_0(-h,y_0)$,$P_1(0,y_1)$,$P_2(h,y_2)$ を通り,y 軸に平行な軸をもつ放物線の方程式を $y=g(x)=px^2+qx+r$ とすると,この放物線と x 線および 2 直線 $x=-h$,$x=h$ とで囲まれる部分の面積 S は

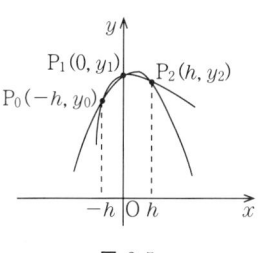

$$S=\int_{-h}^h (px^2+qx+r)\,dx=\left[\dfrac{p}{3}x^3+\dfrac{q}{2}x^2+rx\right]_{-h}^h = 2\left(\dfrac{p}{3}h^3+rh\right)=\dfrac{h}{3}(2ph^2+6r)$$

である.一方,$y_0=g(-h)=ph^2-qh+r$

図 3.5

$y_1=g(0)=r$,$y_2=g(h)=ph^2+qh+r$

ゆえに $y_0+4y_1+y_2=2ph^2+6r$

よって,$S=h(y_0+4y_1+y_2)/3$

である.この S を $\displaystyle\int_{-h}^h f(x)\,dx$ の近似値と考える.この考えを図 3.6 の $[a,\xi_2]$,$[\xi_2,\xi_4]$,$\cdots[\xi_{2n-2},b]$ のそれぞれに適用して $\displaystyle\int_a^b f(x)\,dx$ の近似公式として

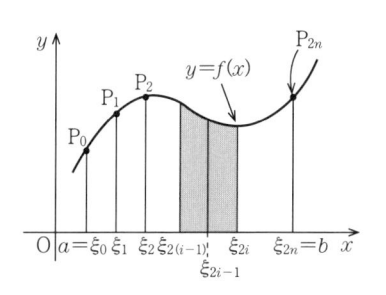

図 3.6

$$\int_a^b f(x)\,dx \fallingdotseq \frac{b-a}{6n}\{y_0+4(y_1+y_3+\cdots+y_{2n-1})+2(y_2+y_4+\cdots+y_{2(n-1)})+y_{2n}\}$$

を得る. これをシンプソンの公式という. すなわち, 図3.6 で $[\xi_{2(i-1)}, \xi_{2i}]$ に対する $y=f(x)$ を3点 $(\xi_{2(i-1)}, f(\xi_{2(i-1)}))$, $(\xi_{2i-1}, f(\xi_{2i-1}))$, $(\xi_{2i}, f(\xi_{2i}))$ を通る放物線と考えて得られる公式である.

これら2つの近似公式を用いたときに生ずる誤差の限界について, 次の定理が成立する.

定理 3.12 （ⅰ） $f(x)$ が $[a,b]$ で C^2 級の関数であるとき, $M=\max_{x\in[a,b]}|f''(x)|$ とすると

$$\left|\int_a^b f(x)\,dx - \frac{b-a}{2n}\{y_0+2(y_2+y_4+\cdots+y_{2(n-1)})+y_{2n}\}\right| \leq \frac{M}{12}\frac{(b-a)^3}{n^2}$$

（ⅱ） $f(x)$ が $[a,b]$ で C^4 級の関数であるとき, $M'=\max_{x\in[a,b]}|f^{(4)}(x)|$ とすると

$$\left|\int_a^b f(x)\,dx - \frac{b-a}{6n}\{y_0+4(y_1+y_3+\cdots+y_{2n-1})+2(y_2+y_4+\cdots+y_{2(n-1)})+y_{2n}\}\right| \leq \frac{M'(b-a)^5}{2880\,n^4}$$

証明 補遺 3.6 を参照.

例 3.13 区間 $[0,1]$ を10等分して, 定積分 $\int_0^1 dx/(1+x)$ の近似値を, 台形公式およびシンプソンの公式を用いて計算する $\left(\text{もちろん}\int_0^1 dx/(1+x)=\log 2=0.6931471\cdots \text{ であるが, ためしに, 2つの公式を用いてみる}\right)$.

表 3.3

i	0	1	2	3	4	5
x_i	0	0.1	0.2	0.3	0.4	0.5
y_{2i}	1	0.9090909	0.8333333	0.7692308	0.7142857	0.6666667
i	6	7	8	9	10	
x_i	0.6	0.7	0.8	0.9	1	
y_{2i}	0.6250000	0.5882353	0.5555556	0.5263158	0.5	

解 (1) 台形公式で，$n=10$，$[a,b]=[0,1]$ の場合であるから，表 3.3 より
$$y_0+y_{20}=1.5, \quad y_2+\cdots+y_{18}=6.187714$$
ゆえに，$\displaystyle\int_0^1 \frac{1}{1+x}dx \fallingdotseq \frac{1}{2}\times 0.1\times(1.5+6.187714\times 2)$
$$=0.1\times(0.75+6.187714)$$
$$=0.6937714$$

(2) シンプソンの公式で，$n=5$，$[a,b]=[0,1]$ の場合であるから
$$y_0+y_{10}=1.5, \quad y_1+y_3+y_5+y_7+y_9=3.4595395$$
$$y_2+y_4+y_6+y_8=2.7281745$$
（なぜなら，表 3.3 で，$x_i \to \xi_i$，$y_{2i} \to y_i$ とみる）

ゆえに $\displaystyle\int_0^1 \frac{1}{1+x}dx \fallingdotseq \frac{1}{6}\times\frac{1}{5}\times\{1.5+3.4595395\times 4+2.7281745\times 2\}$
$$=0.6931502$$

また，$f(x)=1/(1+x)$ とおくとき $f'(x)=-1/(1+x)^2$，$f''(x)=2/(1+x)^3$，$f'''(x)=-6/(1+x)^4$，$f^{(4)}(x)=24/(1+x)^5$ であるから，定理 3.12 で
$$M=\max_{x\in[0,1]}\left|\frac{2}{(1+x)^3}\right|=2, \quad M'=\max_{x\in[0,1]}\left|\frac{24}{(1+x)^5}\right|=24$$
となる．よって，台形公式を用いた場合の誤差の限界は
$$\frac{2}{12}\cdot\frac{1}{100}=\frac{1}{600}=0.00166\cdots$$
シンプソンの公式を用いた場合の誤差の限界は
$$\frac{24}{2880}\times\frac{1}{625}=\frac{24}{18\times 10^5}=0.0000133\cdots$$
となる．定積分の近似値を真の値と比較してみると，差は確かに，これらの誤差の限界内に入っている．台形公式よりもシンプソンの公式の方がよりよい近似を与えていることがわかる．このことについては，補遺 3.7 でも説明する．

問 3.8 区間 $[1,4]$ を 10 等分して，定積分 $\displaystyle\int_1^4 \frac{1}{x}dx$ の近似値を (1) 台形公式，(2) シンプソンの公式 を用いて計算し，それぞれの場合の誤差の限界を求めよ（(1) では $n=10$，(2) では $n=5$ と考える）．

78   第3章　1変数関数の積分

3.6　積分の応用
(1) 面　積
2つの曲線によって囲まれる図形の面積は次の定理で与えられる．

定理 3.13　(i) 閉区間 $[a, b]$ で $f(x) \geq g(x)$ をみたす2つの連続関数 $y=f(x)$, $y=g(x)$ と，2つの直線 $x=a$, $x=b$ によって囲まれる図形の面積を S とすると

$$S = \int_a^b \{f(x) - g(x)\} dx$$

である．

(ii) 極座標 $(x = r\cos\theta, y = r\sin\theta, r \geq 0)$ によって表された曲線 $r = f(\theta)$ と2つの半直線 $\theta = \alpha$, $\theta = \beta$ $(\alpha < \beta)$ とで囲まれる部分の面積 S は

$$S = \frac{1}{2} \int_\alpha^\beta \{f(\theta)\}^2 d\theta$$

である．

証明　(i) 高等学校で学んだ事実であるから省略する．

(ii) 図 3.7 のように，曲線上に2点 A, P をとり，弧 AP と2つの線分 OA, OP とで囲まれる部分の面積を $S(\theta)$ とする．このとき，曲線上の2点 $P(r, \theta)$, $Q(r+\Delta r, \theta+\Delta\theta)$ $(\Delta\theta > 0)$ に対して，弧 PQ と2つの線分 OP, OQ とで囲まれる部分の面積は $S(\theta+\Delta\theta) - S(\theta)$ で，閉区間 $[\theta, \theta+\Delta\theta]$ における $f(\theta)$ の最大値を M, 最小値を m とすると

$$\frac{1}{2} m^2 \Delta\theta \leq S(\theta+\Delta\theta) - S(\theta) \leq \frac{1}{2} M^2 \Delta\theta$$

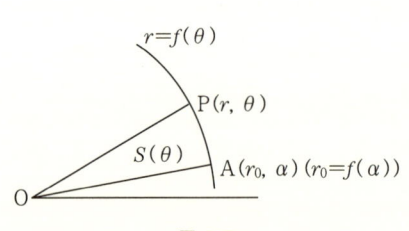

図 3.7

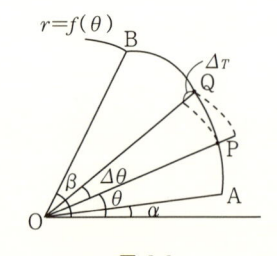

図 3.8

であるから（図 3.8 を参照）

$$\frac{1}{2}m^2 \leq \frac{S(\theta+\Delta\theta)-S(\theta)}{\Delta\theta} \leq \frac{1}{2}M^2$$

$\Delta\theta \to 0$ とすると，$m \to f(\theta)$，$M \to f(\theta)$ であるから

$$\lim_{\Delta\theta \to 0}\frac{S(\theta+\Delta\theta)-S(\theta)}{\Delta\theta}=\frac{1}{2}\{f(\theta)\}^2$$

よって $S'(\theta)=\dfrac{1}{2}\{f(\theta))\}^2$

ゆえに $S(\theta)=\dfrac{1}{2}\displaystyle\int_\alpha^\theta \{f(\theta)\}^2 d\theta + C$ （C は定数）

ところで，$S(\alpha)=0$ であるから，$C=0$ となり

$$S=\frac{1}{2}\int_\alpha^\beta \{f(\theta)\}^2 d\theta$$

を得る．

（注意） 平面曲線の方程式が $x=\varphi(t)$，$y=\psi(t)$（$\alpha \leq t \leq \beta$）と表され，$\varphi(t)$，$\psi(t)$ がともに $[\alpha,\beta]$ で C^1 級の関数であり，$\varphi'(t) \geq 0$ で $\psi(t) \geq 0$ であるとする．$\varphi(\alpha)=a$，$\varphi(\beta)=b$ とすると，$a<b$ である．このとき，この曲線と x 軸および 2 つの直線 $x=a$，$x=b$ によって囲まれる図形の面積 S は

$$S=\int_\alpha^\beta y\frac{dx}{dt}dt$$

である．このことは次のように説明される．$t=\varphi^{-1}(x)$（$\varphi^{-1}(x)$ は $\varphi(x)$ の逆関数）で，$dx/dt=\varphi'(t)$ であるから

$$S=\int_a^b \psi(\varphi^{-1}(x))\,dx = \int_\alpha^\beta \psi(t)\,\varphi'(t)\,dt = \int_\alpha^\beta y\frac{dx}{dt}dt$$

（2） 曲線の長さ

定積分を用いて，曲線の弧の長さを計算できる．

定理 3.14（i） 平面曲線の方程式が $x=\varphi(t)$，$y=\psi(t)$（$\alpha \leq t \leq \beta$）と表され，$\varphi(t)$，$\psi(t)$ がともに $[\alpha,\beta]$ で C^1 級の関数であるとき，曲線の長さ l は

$$l=\int_\alpha^\beta \sqrt{\{\varphi'(t)\}^2+\{\psi'(t)\}^2}\,dt$$

である．とくに，曲線が $y=f(x)$（$a \leq x \leq b$）と表されるときには

$$l = \int_a^b \sqrt{1+\{f'(x)\}^2}\,dx$$

である.

(ii) 平面曲線の方程式が，極座標で $r=f(\theta)$ $(\alpha \leq \theta \leq \beta)$ のように表され，$f(\theta)$ が $[\alpha, \beta]$ で C^1 級の関数であるとき，曲線の長さ l は

$$l = \int_\alpha^\beta \sqrt{\{f(\theta)\}^2+\{f'(\theta)\}^2}\,d\theta$$

である.

証明 (i) 図 3.9 のように，定点 A, B を $A(\varphi(\alpha), \psi(\alpha))$, $B(\varphi(\beta), \psi(\beta))$ とする．点 A と点 $P(\varphi(t), \psi(t))$ との間の曲線の弧 $\widehat{AP}$ の長さを $S(t)$ とすると，$S(t)$ は t の関数である．曲線上に点 Q $(\varphi(t+\varDelta t), \psi(t+\varDelta t))$ $(\varDelta t>0)$ をとり，Q を限りなく P に近づ

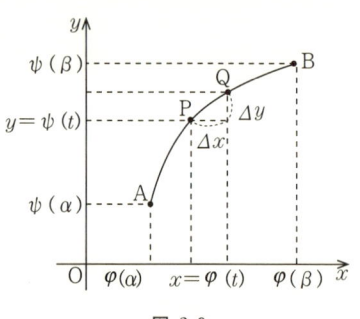

図 3.9

けると，弧 $\widehat{PQ}$ と弦 $\overline{PQ}$ の長さは極限において一致する．すなわち

$$\lim_{\varDelta t \to 0} \frac{\widehat{PQ}}{\overline{PQ}} = 1$$

$\varDelta x = \varphi(t+\varDelta t)-\varphi(t)$, $\varDelta y = \psi(t+\varDelta t)-\psi(t)$, $\varDelta S = S(t+\varDelta t)-S(t)$ とおくと，$\varDelta S$ は弧 $\widehat{PQ}$ の長さであり，弦 $\overline{PQ}$ の長さは $\sqrt{(\varDelta x)^2+(\varDelta y)^2}$ である．よって

$$\frac{dS}{dt} = \lim_{\varDelta t \to 0} \frac{\varDelta S}{\varDelta t} = \lim_{\varDelta t \to 0} \frac{\widehat{PQ}}{\overline{PQ}} \cdot \frac{\overline{PQ}}{\varDelta t} = \lim_{\varDelta t \to 0} \frac{\overline{PQ}}{\varDelta t}$$

$$= \lim_{\varDelta t \to 0} \sqrt{\left(\frac{\varDelta x}{\varDelta t}\right)^2+\left(\frac{\varDelta y}{\varDelta t}\right)^2} = \sqrt{\left(\frac{dx}{dt}\right)^2+\left(\frac{dy}{dt}\right)^2}$$

したがって $S(t) = \int_\alpha^t \sqrt{\left(\frac{dx}{dt}\right)^2+\left(\frac{dy}{dt}\right)^2}\,dt + C$ （C は定数）

ところで，$S(\alpha)=0$ であるから，$C=0$ である．よって 2 点 A, B 間の曲線の長さ l は

$$l = \int_\alpha^\beta \sqrt{\{\varphi'(t)\}^2+\{\psi'(t)\}^2}\,dt$$

また，曲線が $y=f(x)$ と表せるときは $df/dx = (d\psi/dt)/(d\varphi/dt)$ で

あることに注意する．

(ii) $x = r\cos\theta$, $y = r\sin\theta$ だから
$$\frac{dx}{d\theta} = f'(\theta)\cos\theta - f(\theta)\sin\theta, \quad \frac{dy}{d\theta} = f'(\theta)\sin\theta + f(\theta)\cos\theta$$
(i) の公式に代入して $l = \int_\alpha^\beta \sqrt{\{f(\theta)\}^2 + \{f'(\theta)\}^2}\, d\theta$
を得る．

(**注意**) 空間曲線の方程式が
$$x = \varphi(t), \quad y = \psi(t), \quad z = \eta(t) \quad (\alpha \leqq t \leqq \beta)$$
で表されているとき，曲線の長さ l は
$$l = \int_\alpha^\beta \sqrt{\{\varphi'(t)\}^2 + \{\psi'(t)\}^2 + \{\eta'(t)\}^2}\, dt$$
である．

(3) 回転体の体積と回転面の面積

定理 3.15 (i) 曲線 $y = f(x)$ と，x 軸および 2 つの直線 $x = a$, $x = b\,(a < b)$ とで囲まれる部分を x 軸のまわりに回転して得られる回転体の体積 V_1, 回転面の面積 S_1 は，それぞれ
$$V_1 = \pi \int_a^b \{f(x)\}^2\, dx, \quad S_1 = 2\pi \int_a^b f(x)\sqrt{1 + \{f'(x)\}^2}\, dx$$
である．

(ii) 曲線 $x = f(y)$ と，y 軸および 2 つの直線 $y = c$, $y = d\,(c < d)$ とで囲まれる部分を y 軸のまわりに回転して得られる回転体の体積 V_2, 回転面の面積 S_2 はそれぞれ
$$V_2 = \pi \int_c^d \{f(y)\}^2\, dy, \quad S_2 = 2\pi \int_c^d f(y)\sqrt{1 + \{f'(y)\}^2}\, dy$$
である．

証明 (i) V_1 については高等学校で学んだ事実である．

区間 $[a, b]$ を n 個の等しい長さの小区間に分割して，分点を $x_0 = a < x_1 < \cdots < x_{n-1} < x_n = b$ とする．小区間 $[x_{i-1}, x_i]$ に対する回転面の面積を，上底，下底がそれぞれ半径 $f(x_{i-1})$, $f(x_i)$ の直円錐台（すい）の側面

積 ΔS_i で近似する（図 3.10）．側面積 ΔS_i は
$$x_i - x_{i-1} = \Delta x_i, \quad f(x_i) - f(x_{i-1}) = \Delta y_i,$$
$$\Delta s_i = \sqrt{\{\Delta x_i\}^2 + \{\Delta y_i\}^2}$$
とおくとき
$$\Delta S_i = \pi \{f(x_{i-1}) + f(x_i)\} \Delta s_i$$
であるから

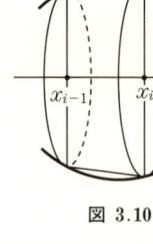

図 3.10

$$\sum_{i=1}^{n} \pi \{f(x_{i-1}) + f(x_i)\} \Delta s_i$$
$$= \pi \left\{ \sum_{i=1}^{n} f(x_{i-1}) \frac{\Delta s_i}{\Delta x_i} \cdot \Delta x_i + \sum_{i=1}^{n} f(x_i) \frac{\Delta s_i}{\Delta x_i} \cdot \Delta x_i \right\}$$
$$= \pi \left\{ \sum_{i=1}^{n} f(x_{i-1}) \sqrt{1 + \left(\frac{\Delta y_i}{\Delta x_i}\right)^2} \cdot \Delta x_i + \sum_{i=1}^{n} f(x_i) \sqrt{1 + \left(\frac{\Delta y_i}{\Delta x_i}\right)^2} \cdot \Delta x_i \right\}$$

ここで，$\Delta x_i (i=1, 2, \cdots, n)$ の最大値が 0 になるように，分点の数をかぎりなく増していくと，極限値 S_1 として
$$S_1 = 2\pi \int_a^b f(x) \sqrt{1 + \{f'(x)\}^2} \, dx$$
を得る．

(ⅱ) （ⅰ）と同様である．

例 3.14 サイクロイド（cycloid：擺線（ハイセン）) $x = a(t - \sin t),\ y = a(1 - \cos t)\ (a > 0, 0 \leqq t \leqq 2\pi)$ について

(1) 曲線の長さ l および曲線と x 軸で囲まれる部分の面積 S_1 を求めよ．

(2) 曲線を x 軸のまわりに回転してできる回転体の体積 V とその表面積 S_2 を求めよ．

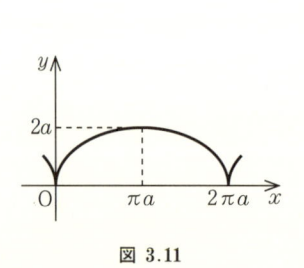

図 3.11

解　(1) $l = \int_0^{2\pi} \sqrt{a^2(1-\cos t)^2 + a^2 \sin^2 t} \, dt$
$$= \sqrt{2}\, a \int_0^{2\pi} \sqrt{1 - \cos t}\, dt$$
$$= 2a \int_0^{2\pi} \sin \frac{t}{2} \, dt = -4a \left[\cos \frac{t}{2} \right]_0^{2\pi} = 8a$$
$$S_1 = \int_0^{2\pi} a(1 - \cos t) \cdot a(1 - \cos t)\, dt$$
$$= a^2 \int_0^{2\pi} (1 - 2\cos t + \cos^2 t)\, dt$$

$$= a^2 \left[t - 2\sin t + \frac{1}{2}\left(t + \frac{1}{2}\sin 2t\right) \right]_0^{2\pi} = 3\pi a^2$$

(2) $\displaystyle V = \pi \int_0^{2\pi} y^2 \frac{dx}{dt} dt = 8\pi a^3 \int_0^{2\pi} \sin^6 \frac{t}{2} dt$

$\displaystyle = 32\pi a^3 \int_0^{\pi/2} \sin^6 t \, dt = 32\pi a^3 \frac{5 \times 3}{6 \times 4 \times 2} \cdot \frac{\pi}{2} = 5\pi^2 a^3$

$\displaystyle S_2 = 2\pi \int_0^{2\pi} y \sqrt{\left(\frac{dx}{dt}\right)^2 + \left(\frac{dy}{dt}\right)^2} \, dt = 2\sqrt{2}\, \pi a^2 \int_0^{2\pi} (1 - \cos t)^{3/2} dt$

$\displaystyle = 8\pi a^2 \int_0^{2\pi} \sin^3 \frac{t}{2} dt = 32\pi a^2 \int_0^{\pi/2} \sin^3 t \, dt = \frac{64}{3}\pi a^2$

問 3.9 アステロイド（asteroid：星芒形） $x^{2/3} + y^{2/3} = a^{2/3}$ $(a > 0)$ について，次の各問に答えよ．

(1) この曲線によって囲まれる図形の面積 S_1 と，曲線の全長 l を求めよ．

(2) この曲線を x 軸のまわりに 1 回転してできる回転体の体積 V とその表面積 S_2 を求めよ．

（アステロイドは媒介変数を用いて，$x = a\cos^3 t$, $y = a\sin^3 t$ $(0 \leqq t \leqq 2\pi)$ と表せることを用いよ）

練習問題 3

3.1 定積分を利用して，次の極限値を求めよ．

(1) $\displaystyle \lim_{n \to \infty} \left(\frac{1}{n} + \frac{1}{\sqrt{n^2 + 1}} + \frac{1}{\sqrt{n^2 + 2^2}} + \cdots + \frac{1}{\sqrt{n^2 + (n-1)^2}} \right)$

(2) $\displaystyle \lim_{n \to \infty} \frac{1}{n} \{(n+1)(n+2) \cdots (n+n)\}^{1/n}$

3.2 次の定積分を求めよ．

(1) $\displaystyle \int_0^1 \cosh t \, dt$ $\left(\cosh t = \frac{1}{2}(e^t + e^{-t})\ \text{で，双曲線余弦 (hyperbolic cosine) といわれる} \right)$

(2) $\displaystyle \int_0^\pi |\cos x| \, dx$ (3) $\displaystyle \int_0^1 \frac{2x+1}{x^2 + x + 1} dx$ (4) $\displaystyle \int_0^\pi x \sin^2 x \, dx$

(5) $\displaystyle\int_0^2 \frac{dx}{\sqrt{x+2}+\sqrt{x}}$ (6) $\displaystyle\int_1^e \sqrt{x}\log x\,dx$

3.3 次の不定積分を求めよ．

(1) $\displaystyle\int \frac{x^3+1}{x(x-1)^3}\,dx$ (2) $\displaystyle\int \frac{1}{x^3+1}\,dx$

(3) $\displaystyle\int \frac{dx}{(x-1)^2(x^2+1)^3}$ (4) $\displaystyle\int \frac{x}{(2x+1)(3x^2+1)}\,dx$

(5) $\displaystyle\int \frac{x+1}{x\sqrt[3]{x-8}}\,dx$ (6) $\displaystyle\int \frac{dx}{\sqrt[3]{x+1}-\sqrt{x+1}}$

(7) $\displaystyle\int \frac{1}{x^2}\sqrt{\frac{3x+1}{x-1}}\,dx$ (8) $\displaystyle\int \frac{1-x^2}{(1+x^2)\sqrt{1+x^2+x^4}}\,dx$

3.4 次の不定積分を求めよ．

(1) $\displaystyle\int \frac{dx}{a\sin x+b\cos x}$ $(ab\neq 0)$ (2) $\displaystyle\int \frac{1-\tan x}{1+\tan x}\,dx$

(3) $\displaystyle\int x\arctan x\,dx$ (4) $\displaystyle\int \frac{\sin x}{1+\sin x}\,dx$

(5) $\displaystyle\int \frac{e^x-e^{-x}}{e^x+e^{-x}}\,dx$ $\left(\tanh x = \dfrac{e^x-e^{-x}}{e^x+e^{-x}}\right.$ で，**双曲線正接(hyperbolic tangent)** といわれる$\left.\right)$

3.5 次の定積分を求めよ．

(1) $\displaystyle\int_0^1 x^m(1-x)^n\,dx$ (m, n は正整数)   (3) $\displaystyle\int_{-(1/2)}^{1/2} \frac{dx}{\sqrt{1-x^2}}$

(2) $\displaystyle\int_0^{\pi/2} \frac{\sin^r x}{\cos^r x+\sin^r x}\,dx$ (4) $\displaystyle\int_0^a x^2\sqrt[3]{a^2-x^2}\,dx$ $(a>0)$

3.6 次の等式を証明せよ．

(1) $\displaystyle\int_0^{\pi/2} \sin^4 x\,dx = \frac{3}{4}\int_0^{\pi/2} \sin^2 x\,dx$

(2) $\displaystyle\int_0^1 x^3(1-x)^4\,dx = \int_0^1 x^4(1-x)^3\,dx$

3.7 次の値を求めよ．

(1) $\displaystyle\int_0^\pi \frac{x\sin x}{1+\cos^2 x}\,dx$ (2) $\displaystyle\int_0^{\pi/4} \log(1+\tan\theta)\,d\theta$

3.8 次の広義積分を求めよ．

(1) $\displaystyle\int_0^1 \sqrt{\frac{x}{1-x}}\,dx$ (2) $\displaystyle\int_1^\infty \frac{1}{x(1+x)}\,dx$

(3) $\displaystyle\int_1^\infty \frac{1}{x\sqrt{x^2-1}}\,dx$ (4) $\displaystyle\int_a^b \frac{dx}{\sqrt{(x-a)(b-x)}}$ $(a<b)$

3.9 次の積分について収束するか，発散するかを調べよ．

(1) $\displaystyle\int_0^1 \frac{1}{\sqrt{1-x^3}}\,dx$ (2) $\displaystyle\int_0^\infty e^{-x^2}\,dx$ (3) $\displaystyle\int_0^{\frac{\pi}{2}} \frac{1}{\sin x}\,dx$

3.10 区間 $[0,1]$ を 10 等分して，定積分 $\displaystyle\int_0^1 \sqrt{1+x^3}\,dx$ の近似値を (1) 台形公式，(2) シンプソンの公式を用いて計算し，それぞれの場合の誤差の限界を求めよ．

3.11 (1) **レムニスケート (lemniscate：連珠形)** $r^2 = 2a^2\cos 2\theta$ $(a>0)$ によって囲まれる図形の面積 S_1 を求めよ．

(2) **カテナリー (catenary：懸垂線_{ケンスイセン})** $y=(a/2)(e^{x/a}+e^{x/a})$ $(a>0)$ について，$0 \leqq x \leqq a$ の部分を x 軸のまわりに回転してできる立体の体積 V と，回転面の面積 S_2 を求めよ．

3.12 (1) **カージオイド (cardioid：心臓形)** $r=a(1+\cos\theta)$ $(a>0)$ によって囲まれる図形の面積 S_1 と，曲線の全長 l を求めよ．

(2) 円 $x^2+(y-b)^2=a^2$ $(0<a<b)$ を x 軸のまわりに 1 回転してできる回転体（回転面を**輪環面：トーラス (torus)** という）の体積 V と，その表面積 S_2 を求めよ．

付録1　第1, 2章の補遺

実数の定義について

　実数とは何であろうか．本文では実数の定義は与えなかった．有理数をもとにして，実数の定義をきちんと与えるか，または実数の構成をしてしまうことは可能であるが，相当の労力を要求されることである．したがって，ここでも実数の定義を厳密にすることはしない．

　しかし，読者諸君は高等学校で実数をどのように勉強してきたであろうか．多分，有理数の延長として実数を勉強してきたはずである．有理数を延長する必要があることは，例えば正方形の対角線の長さを考えただけでも $\sqrt{2}$ という無理数が現れることから明らかであるが，微分積分で実数を扱う必要があるのは，極限演算が入るからである．有理数だけでは極限演算が思うに任せないことは本文中の問いでも触れたことである．

　ところで，実数とは 10 進法の小数（無限小数まで含めて）で表せる数のことと考えると，その小数を途中で区切ると有理数になるので，実数とは有理数の極限として表される数，といってもよい．上で述べた有理数の延長としての実数はこの意味である．実際，その形で定義される実数の例としては自然対数の底 e がある．

　またこれは，有理数だけでは隙間が開いているので，その隙間をすべて埋め尽くして得られるもの，ともいえる．隙間をすべて埋め尽くしてしまえば，極限をとったとき極限がその隙間に入るようなことは起きなくなるはずである．

　数列でいえば，極限が考えられる数列とは番号を大きくしていったとき，数列の振動の幅が限りなく小さくなるもの（すなわちコーシー列）のことだから，本文の公理「コーシー列は収束する（すなわちコーシー列は必ず極限をもつ）」は「実数とは有理数の隙間を無くすように埋め尽くしたとき得られる数のこと

をいう」を表現したものにほかならない．したがって，この命題を実数の公理としたわけである．

　この公理以外にも，実数については，四則演算ができること，大小関係が考えられることなどの性質もある．これらの性質は有理数のときと同様なので，明示しなかった．これらと上の公理が実数を定める公理系であるといってもよい．（初等幾何における議論と同じように，微分積分でも1つの命題をより簡単な命題から導いていると，最後は説明の仕様のない命題に帰する．それを公理として採るのである．）

数列が収束しないということについて

　上に述べたように収束する数列とはコーシー列のことである．それでは，数列が収束しないということはどのように表されるであろうか．コーシー列であるという条件を否定すればよいのであるが，それを説明しておこう．まず一般的に命題が与えられて，かつその命題が条件付で成立する，ということの否定はどのようになるであろうか．

　例えば，数 x に関する命題 $P(x)$ があり，「すべての実数 x に対して $P(x)$ が成立する」の否定は，「すべての実数 x に対して $P(x)$ が成立しない」ではなく，「ある実数 x に対して $P(x)$ が成立しない」であることに注意しよう．また「ある実数 x に対して $P(x)$ が成立する」の否定は，「ある実数 x に対して $P(x)$ が成立しない」ではなく，「すべての実数 x に対して $P(x)$ が成立しない」であることに注意しよう．

　また2つの命題 P, Q が与えられたとき，「P ならば Q が成り立つ（すなわち P をみたすものはすべて Q もみたす）」の否定は，「P をみたすが，Q をみたさないものが存在する」である．

　これらのことから，数列が収束しないことが次のように表せる．

　　数列 $\{a_n\}_{n=1}^{\infty}$ は収束しない

$\iff \{a_n\}_{n=1}^{\infty}$ は Cauchy 列ではない

$\iff$「すべての正の数 ε に対して，ある番号 N を選べば，$n \geq N$, $m \geq N$ のとき $|a_n - a_m| < \varepsilon$ が成り立つ」は否定される

$\iff$ ある正の数 ε に対して「ある番号 N を選べば，$n \geq N$, $m \geq N$ ならば

$|a_n-a_m|<\varepsilon$ が成り立つ」は成り立たない
⟺ ある正の数 ε に対しては番号 N をどのように選んでも「$n≧N$, $m≧N$ ならば $|a_n-a_m|<\varepsilon$ が成り立つ」は成り立たない
⟺ ある正の数 ε に対しては番号 N をどのように選んでも「$n≧N$, $m≧N$ であって $|a_n-a_m|≧\varepsilon$ となるものがある」

最後の主張は普通に表現すると,「数列が収束しない」とは,「どんなに先の番号のところにも,それらの差がある一定数以上になる2つの項が存在する」ということになる. この表現は正しいが, 証明には使いにくい.

有界な数列について

　数列 $\{a_n\}_{n=1}^{\infty}$ に対して, $a_n≦K$ ($n=1, 2, \cdots$) となる定数 K が存在するとき数列 $\{a_n\}_{n=1}^{\infty}$ は**上に有界**であるという. また $a_n≦K$ ($n=1, 2, \cdots$) となる数 K を $\{a_n\}$ の**上界**(のひとつ)という. 一般に, 実数からなる集合 M に対して $x≦K$ (すべての $x∈M$ に対して) となる定数 K が存在するとき, M は上に有界であるといい, 上の性質をもつ K を M の**上界**(のひとつ)という.

　また, $K'≦a_n$ ($n=1, 2, \cdots$) となる定数 K' が存在するとき $\{a_n\}_{n=1}^{\infty}$ は**下に有界**であるといい, K' を $\{a_n\}$ の**下界**(のひとつ)という. 上にも下にも有界なことを単に**有界**であるという. 次の定理に示すように収束する数列は必ず有界である.

定理 A1　$\lim_{n\to\infty} a_n=A$ のとき, $|a_n|≦K$ ($n=1, 2, 3, \cdots$) となる数 K が存在する.

証明　極限の定義の正の数を ε として (例えば), $\varepsilon=1$ をとると
$$|a_n-A|<1 \text{ (ただし } n≧N \text{ のとき)}$$
となる番号 N が存在するはずである. そこで, $|a_1|$, $|a_2|$, $\cdots$, $|a_{N-1}|$, $|A-1|$, $|A+1|$ のうちの最大の数を K とすれば定理が成り立つ.

定理 A2　単調増加数列 $\{a_n\}_{n=1}^{\infty}$ は収束するか, 上に有界でないかどちらかである.

証明　数列は収束するかしないかのどちらかであるから, $\{a_n\}$ が収束しないとすると, $\{a_n\}$ は上に有界でないことをいえばよい.

$\{a_n\}$ が収束しなければ，ある正の数 ε に対しては番号 N をどのように選んでも

$n \geqq N$, $m \geqq N$ であって $|a_n - a_m| \geqq \varepsilon$ となるものがある

が成り立つ．

この正の数 ε に対して，N はどのようにとってもよいのだから $N=1$ ととると，$|a_{n_1} - a_{n_2}| \geqq \varepsilon$ となる番号 n_1, n_2 があるはずである．$n_1 < n_2$ としよう．次に $N = n_2 + 1$ ととると，$|a_{n_3} - a_{n_4}| \geqq \varepsilon$ となる（n_2 より大きい）番号 n_3, n_4 がある．$n_3 < n_4$ としよう．さらに $N = n_4 + 1$ ととると，$|a_{n_5} - a_{n_6}| \geqq \varepsilon$ となる（n_4 より大きい）番号 n_5, n_6 がある．…… となり，$|a_{n_k} - a_{n_{k+1}}| \geqq \varepsilon$ となる番号 n_k が無限にとれることになる．

このとき項 a_{n_k} について，数列 $\{a_n\}$ は単調増加であるから

$$a_{n_k} = (a_{n_k} - a_{n_{k-1}}) + (a_{n_{k-1}} - a_{n_{k-2}}) + (a_{n_{k-2}} - a_{n_{k-3}}) + \cdots + (a_{n_2} - a_{n_1}) + a_{n_1}$$
$$\geqq (k-1)\varepsilon + a_{n_1}$$

となる．ε は正の数であるから，k を大きくすると，$(k-1)\varepsilon + a_{n_1}$ はいくらでも大きくなり，数列 $\{a_n\}$ は上に有界ではない．

系 A3 単調減少数列 $\{a_n\}_{n=1}^{\infty}$ は収束するか，下に有界でないかどちらかである．

系 A4 上に有界な単調増加数列は収束する．また下に有界な単調減少数列も収束する．

数列 $\{a_n\}$ が与えられたとき，この数列から，番号をとびとびに選んだ数列 $\{a_{n_k}\}_{k=1}^{\infty}$ を**部分列**という．上の定理の証明で選んだ数列 $\{a_{n_k}\}$ は部分列である．

定理 A5 有界な数列 $\{a_n\}$ は収束する部分列をもつ．

証明 仮定から $K' \leqq a_n \leqq K$ ($n=1, 2, \cdots$) となる定数 K', K が存在する．数列 $\{a_n\}$ の中に同じ値の項が無数にあるときは，その項だけを抜き出せば収束する部分列が選べる．よって同じ値の項は有限個しかないとしてよい．このときは異なる値の項が無限個存在することになる．

区間 $[K', K]$ を I_1 とおく．I_1 をその中点 $K'' = (K'+K)/2$ で 2 等分す

る．数列 $\{a_n\}$ の項はもとの区間 I_1 内に無限個存在するので，2 等分した区間 $[K', K'']$, $[K'', K]$ の少なくとも一方は数列 $\{a_n\}$ の項を無限個含む（そうでなければもとの数列が有限個の数になってしまう）．その無限個の項を含む区間を I_2 とおく．さらにこの区間 I_2 をその中点で 2 等分すると，数列 $\{a_n\}$ の項は I_2 に無限個存在するので，2 等分した区間の少なくとも一方は数列の項を無限個含む．その無限個の項を含む区間を I_3 とおく．… このように次々に区間 I_k を 2 等分して数列の無限個の項を含む区間 I_{k+1} を選ぶことを続ける．

次に，I_1 にはいる数列 $\{a_n\}$ の項の 1 つをとり a_{n_1} とし，I_2 にはいる項で $n_2 > n_1$ となるもの a_{n_2} を選び，…，I_k にはいる項で $n_k > n_{k-1}$ となるもの a_{n_k} を選ぶことを続ける．各区間 I_k は無限個の項を含むのでこの操作はいつまでも可能である．区間 I_k は区間 I_{k-1} に入り，幅が半分になるものであるから，部分列 $\{a_{n_k}\}_{k=1}^\infty$ が Cauchy 列になることは見やすい．よってそれは収束する．

自然対数の底 e の定義について

e の定義をした例題で，$a_n = (1+1/n)^n$ で定めた数列 $\{a_n\}$ は単調増加であり，$b_n = (1+1/n)^{n+1}$ で定めた数列 $\{b_n\}$ は単調減少であることを用いた．その証明を与えよう．$\{a_n\}$ が単調増加であることを示すために次の補題を準備する．

補題 A1　$0 < a < 1$ のとき，自然数 n に対して $(1-a)^n \geq 1 - na$ が成り立つ．

証明　n についての数学的帰納法による．$n=1$ のときは符号が成立する．n のときを仮定し，$n+1$ のとき
$$(1-a)^{n+1} = (1-a)^n(1-a) \geq (1-na)(1-a)$$
$$= 1-(n+1)a + na^2 > 1-(n+1)a$$
となり，$n+1$ のときも成立する．

補題 A1 で $a = 1/n^2$ とすると
$$\left(1 - \frac{1}{n^2}\right)^n \geq 1 - \frac{1}{n} = \frac{n-1}{n} \tag{1}$$

となる．これから
$$a_{n-1}=\left(1+\frac{1}{n-1}\right)^{n-1}=\left(\frac{n}{n-1}\right)^{n-1}=\frac{n-1}{n}\left(\frac{n}{n-1}\right)^n \underset{(1)}{\leqq}\left(1-\frac{1}{n^2}\right)^n\left(\frac{n}{n-1}\right)^n$$
$$=\left(\frac{n^2-1}{n^2}\right)^n\left(\frac{n}{n-1}\right)^n=\left(\frac{n+1}{n}\right)^n=\left(1+\frac{1}{n}\right)^n=a_n$$
となって $a_{n-1}\leqq a_n$ が得られる．次に $\{b_n\}$ が単調減少であることを示すために次の補題を用意する．

補題 A2 $a>0$ のとき，自然数 n に対して $(1+a)^n\geqq 1+na$ が成り立つ．

証明 n についての数学的帰納法による．$n=1$ のときは等号が成立する．n のときを仮定し，$n+1$ のとき
$$(1+a)^{n+1}=(1+a)^n(1+a)\leqq (1+na)(1+a)$$
$$=1+(n+1)a+na^2>1+(n+1)a$$
となり，$n+1$ のときも成立する．

補題 A2 で $a=1/(n^2-1)$（ただし $n\geqq 2$）とすると
$$\left(\frac{n^2}{n^2-1}\right)^n=\left(1+\frac{1}{n^2-1}\right)^n\geqq 1+\frac{n}{n^2-1}>1+\frac{n}{n^2}=\frac{n+1}{n} \qquad (2)$$
となる．よって
$$b_{n-1}=\left(1+\frac{1}{n-1}\right)^n=\left(\frac{n}{n-1}\right)^n=\left(\frac{n^2}{n^2-1}\right)^n\left(\frac{n+1}{n}\right)^n$$
$$\underset{(2)}{\geqq}\left(\frac{n+1}{n}\right)\left(\frac{n+1}{n}\right)^n=\left(1+\frac{1}{n}\right)^{n+1}=b_n$$
となって $b_{n-1}\geqq b_n$ が得られる．

本文中の定理の証明について

次の数列の極限についての定理は証明を省略したものである．読みやすいように定理を再掲しておく．

定理 1.3 $\lim_{n\to\infty}a_n=A$, $\lim_{n\to\infty}b_n=B$ のとき，次が成り立つ．

(1) $\lim_{n\to\infty}(a_n\pm b_n)=A\pm B$, $\lim_{n\to\infty}ka_n=kA$ (k は定数)

(2) $\lim_{n\to\infty}a_n b_n=AB$

(3) $\displaystyle\lim_{n\to\infty}\frac{a_n}{b_n}=\frac{A}{B}$ （ただし $B\neq 0$ とする）

証明 (1) 正の数 ε に対して，$\varepsilon/2$ も正の数であるから，極限の定義から

$$|a_n-A|<\frac{\varepsilon}{2} \quad (\text{ただし } n\geq N_1 \text{ のとき})$$

$$|b_n-B|<\frac{\varepsilon}{2} \quad (\text{ただし } n\geq N_2 \text{ のとき})$$

となる番号 $N_1,\ N_2$ が存在する．$N=\max(N_1,N_2)$ とおくと $n\geq N$ では
$$|a_n\pm b_n-(A\pm B)|=|a_n-A\pm(b_n-B)|$$
$$\leq|a_n-A|+|b_n-B|<\frac{\varepsilon}{2}+\frac{\varepsilon}{2}=\varepsilon$$

となり，$\displaystyle\lim_{n\to\infty}(a_n\pm b_n)=A\pm B$ がわかる．また正の数 ε を与えたとき，$\varepsilon/|k|$ も正の数である．これを極限の定義で用いれば $\displaystyle\lim_{n\to\infty}ka_n=kA$ の証明も同様である．

(2) 正の数 ε を与えておく．
$$|a_nb_n-AB|=|a_nb_n-Ab_n+Ab_n-AB|$$
$$\leq|a_nb_n-Ab_n|+|Ab_n-AB|=|a_n-A||b_n|+|A||b_n-B|$$

と計算して，この右辺が ε より小さくなればよい．定理 A1 から $|b_n|\leq K\ (n=1,2,3,\cdots)$ となる（正の）数 K がある．また，正の数 ε に対して $\varepsilon/2K$ も $\varepsilon/2|A|$ も正の数であるから

$$|a_n-A|<\frac{\varepsilon}{2K} \quad (\text{ただし } n\geq N_3 \text{ のとき})$$

$$|b_n-B|<\frac{\varepsilon}{2|A|} \quad (\text{ただし } n\geq N_4 \text{ のとき})$$

となる番号 $N_3,\ N_4$ が存在する．$N=\max(N_3,N_4)$ とおくと，$n\geq N$ では
$$|a_nb_n-AB|\leq|a_n-A||b_n|+|A||b_n-B|<\frac{\varepsilon}{2}+\frac{\varepsilon}{2}=\varepsilon$$

となり，$\displaystyle\lim_{n\to\infty}a_nb_n=AB$ がわかる．

(3) (2)の結果とあわせると，$\displaystyle\lim_{n\to\infty}1/b_n=1/B$ を証明すればよい．まず数列 $\{b_n\}$ の極限の定義で $\varepsilon'=|B|/2$ とする．$B\pm|B|/2$ は $B/2$ と $3B/2$ だからある番号 N_5 から先では b_n は $B/2$ と $3B/2$ の間にある．$n\geq N_5$ の

ときを考える．$|1/b_n-1/B|=|(B-b_n)/b_nB|$ である．正の数 ε を与え，番号 n をさらに先にとってこの右辺が ε より小さくなるようにしよう．$\varepsilon|B|^2/2$ も正の数であるから

$$|b_n-B|<\frac{\varepsilon|B|^2}{2} \quad (\text{ただし } n\geq N_6 \text{ のとき})$$

となる番号 N_6 が存在する．$N=\max(N_5,N_6)$ とおくと，$n\geq N$ では

$$\left|\frac{1}{b_n}-\frac{1}{B}\right|=\left|\frac{B-b_n}{b_nB}\right|<\frac{\dfrac{\varepsilon|B|^2}{2}}{\dfrac{|B|}{2}|B|}=\varepsilon$$

となり，$\lim_{n\to\infty}1/b_n=1/B$ がわかる．

次の定理は連続関数のところで述べたものである．

定理 1.8 極限 $\lim_{x\to a}f(x)$ が存在するための必要十分条件は，「どのように（小さな）正の数 ε を与えても，（十分小さな）正の数 δ をとれば，$0<|x_1-a|<\delta$, $0<|x_2-a|<\delta$ である x_1, x_2 に対して $|f(x_1)-f(x_2)|<\varepsilon$ が成立する」ことである．

証明 必要条件であることをまず示す．$\lim_{x\to a}f(x)=A$ とする．定義から，正の数 ε に対して $0<|x-a|<\delta$ のとき $|f(x)-A|<\varepsilon/2$ となる正の数 δ が存在する．$0<|x_1-a|<\delta$, $0<|x_2-a|<\delta$ である x_1, x_2 に対しては

$$|f(x_1)-f(x_2)|=|(f(x_1)-A)+(A-f(x_2))|$$

$$\leq|f(x_1)-A|+|A-f(x_2)|<\frac{\varepsilon}{2}+\frac{\varepsilon}{2}=\varepsilon$$

が成り立つ．

逆に定理の条件が成り立つとする．a に収束する数列 $\{z_n\}$ (ただし $z_n\neq a$) を1つとり（例えば，$z_n=a+1/n$ とする），関数の値 $y_n=f(z_n)$ を考える．数列 $\{y_n\}$ はコーシー列であることを示す．正の数 ε を与えると，定理の条件をみたす δ が存在する．この正の数 δ に対して，数列の極限の定義から

$$|z_n-a|<\delta \quad (n\geq N)$$

となる番号 N が存在する．$n_1\geq N$, $n_2\geq N$ のとき定理の条件から

$$|y_{n_1}-y_{n_2}|=|f(z_{n_1})-f(z_{n_2})|<\varepsilon$$

であるから $\{y_n\}$ はコーシー列である．よって $\lim_{n\to\infty}f(z_n)=A'$ が存在する．

次に $\lim_{x\to a}f(x)=A'$ を示す．正の数 ε を与えると，$\lim_{n\to\infty}f(z_n)=A'$ の定義から

$$|f(z_n)-A'|<\frac{\varepsilon}{2} \quad (n\geq N_1)$$

となる番号 N_1 が存在する．また，定理の条件から

$$0<|x_1-a|<\delta,\ 0<|x_2-a|<\delta \Longrightarrow |f(x_1)-f(x_2)|<\frac{\varepsilon}{2}$$

となる正の数 δ が存在する．この正の数 δ に対して，$\lim_{n\to\infty}z_n=a$ の定義から

$$|z_n-a|<\delta \quad (n\geq N_2)$$

となる番号 N_2 が存在する．$n\geq \max(N_1,N_2)$ となる n を1つとっておく．$0<|x-a|<\delta$ のとき

$$|f(x)-A'|\leq |f(x)-f(z_n)|+|f(z_n)-A'|<\frac{\varepsilon}{2}+\frac{\varepsilon}{2}=\varepsilon$$

となって定理は示された．（この定理の証明で正の数 δ を何度か選んでいる．それらの δ は必ずしも同じではない．$\delta_1, \delta_2, \cdots$ のように書き分けるべきなのだが，わずらわしいので同じ記号を用いた.）

定理 1.9 閉区間 $[a,b]$ で連続な関数 $f(x)$ はそこで最大値と最小値をとる．

証明 最大値について考える．最小値についても同様である．まず $f(x)$ の値が上に有界であることを示す．有界でないとすると，$f(x)$ の値は定数では押さえられないのでいくらでも大きくなる．よって $n=1,2,3,\cdots$ に対して $f(x_n)>n$ となる変数の点 x_n が（各 n に対して）存在するはずである．これらの x_n は $a\leq x_n\leq b$ をみたすから有界である．よって定理A5から $\{x_n\}$ の収束する部分列 $\{x_{n_k}\}$ がとれる．$\lim_{k\to\infty}x_{n_k}=x_0$ とおく．$a\leq x_{n_k}\leq b$ から $a\leq x_0\leq b$ である．よって x_0 は閉区間 $[a,b]$ に入り，仮定から $f(x)$ は x_0 で連続である．とくに $\lim_{x\to x_0}f(x)$ が存在しなくてはならない．ところがこの極限は変数に今選んだ x_{n_k} を代入すると存在しないことがわかる．これは矛盾である．よって関数の値は有界である．

以下，この証明では関数の値の上界（すなわち $f(x)\leq K\ (a\leq x\leq b)$ をみ

たす K)を単に上界という．上界 K_1 を1つとる．また関数の値を1つとり，それを $L_1=f(z_1)$ とおく．$M_1=(K_1+L_1)/2$ とおくと，M_1 は上界になるかならないかのどちらかである．M_1 が上界になるときは $K_2=M_1$, $L_2=L_1$ とおく．M_1 が上界にならないときは $f(z_2)>M_1$ となる関数の値 $f(z_2)$ が存在するので $K_2=K_1$, $L_2=f(z_2)$ とおく．K_2 は上界，L_2 は関数の値で，区間 $[L_2,K_2]$ は区間 $[L_1,K_1]$ の一部分でかつその幅はもとの半分以下である．

次に $M_2=(K_2+L_2)/2$ とおくと，M_2 は上界になるかならないかのどちらかである．M_2 が上界になるときは $K_3=M_2$, $L_3=L_2$ とおく．M_2 が上界にならないときは $f(z_3)>M_2$ となる関数の値 $f(z_3)$ が存在するので $K_3=K_2$, $L_3=f(z_3)$ とおく．K_3 は上界，L_3 は関数の値で，区間 $[L_3,K_3]$ は区間 $[L_2,K_2]$ の一部分でかつその幅はもとの半分以下である．……以下同様に K_n, L_n の中点を考え，それが上界であったら上界 K_n をおきかえ，上界でなかったら関数の値 L_n をおきかえることを続ける．次々に幅が半分以下になる部分区間 $[L_n,K_n]$ の列が得られる．$\lim_{n\to\infty} L_n = \lim_{n\to\infty} K_n$ となるのは明らかであろう（系 A 4 を用いてもよい）．

この極限を M とおくと K_n は上界であったから，$f(x) \leq K_n$ がすべての $a \leq x \leq b$ で成り立つ．$n\to\infty$ とすると

$$f(x) \leq M \quad (a \leq x \leq b) \tag{3}$$

が得られる．一方，$L_n=f(z_n)$ となる変数の値 $\{z_n\}$ から収束する部分列 $\{z_{n_k}\}$ を選び $\lim_{k\to\infty} z_{n_k}=z_0$ とすると z_0 は閉区間 $[a,b]$ に入る．関数 $f(x)$ の連続性から

$$f(z_0) = \lim_{k\to\infty} f(z_{n_k}) = \lim_{k\to\infty} L_{n_k} = M$$

となる．とくに M は関数 $f(x)$ の値である．(3)とあわせて M は $f(x)$ の最大値である．

定理 1.10 関数 $f(x)$ が閉区間 $[a,b]$ で連続のとき，$f(a)$ と $f(b)$ のあいだの値 α に対して，$f(c)=\alpha$ となる c が $[a,b]$ に（少なくともひとつ）存在する．

証明 $f(a)=\alpha$ となるときなどは自明であるので，$f(a)<\alpha<f(b)$ の場合を考

える．$a_1=a$, $b_1=b$ とし $c_1=(a_1+b_1)/2$ での値 $f(c_1)$ を考える．$f(c_1)=\alpha$ のときは定理は示されたことになる．$f(c_1)<\alpha$ のときは $a_2=c_1$, $b_2=b_1$ とし，$f(c_1)>\alpha$ のときは $a_2=a_1$, $b_2=c_1$ とおく．a_2 は関数 $f(x)$ の値が α より小さな点，b_2 は関数 $f(x)$ の値が α より大きな点であり，区間 $[a_2, b_2]$ は区間 $[a_1, b_1]$ の部分区間で幅が半分になる．

次に $c_2=(a_2+b_2)/2$ とし，ここでの関数の値 $f(c_2)$ を考える．$f(c_2)=\alpha$ のときは定理は示されたことになる．$f(c_2)<\alpha$ のときは $a_3=c_2$, $b_3=b_2$ とし，$f(c_2)>\alpha$ のときは $a_3=a_2$, $b_3=c_2$ とおく．a_3 は関数 $f(x)$ の値が α より小さな点，b_3 は関数 $f(x)$ の値が α より大きな点であり，区間 $[a_3, b_3]$ は区間 $[a_2, b_2]$ の部分区間で幅が半分になる．……，以下同様にして，a_n, b_n の中点 c_n での関数の値 $f(c_n)$ が α より小さいときは a_n を c_n でおきかえ，α より大きいときは b_n を c_n でおきかえることを続ける ($f(c_n)=\alpha$ とならない限り)．

数列 $\{a_n\}$ と $\{b_n\}$ は共通の極限をもつことは明らかであろう．それを c とすると，$a \leq c \leq b$ であり，$f(x)$ の連続性と $f(a_n) \leq \alpha$ から
$$f(c) = \lim_{n\to\infty} f(a_n) \leq \alpha$$
を得る．同様に $f(b_n) \geq \alpha$ から $f(c) = \lim_{n\to\infty} f(b_n) \geq \alpha$ が得られるので $f(c) = \alpha$ である．

定理 1.11 閉区間 $[a, b]$ で連続な関数 $f(x)$ はそこで一様連続である．

証明 まず $f(x)$ が一様連続でないことを表現する．$f(x)$ が一様連続であるとは，正の数 ε に対して a によらない正の数 δ で
$$|x-a|<\delta \text{ のとき } |f(x)-f(a)|<\varepsilon$$
であるものが存在することである．この δ は a によらないのだから，上の主張で a を動かすことができる．$a=x'$ とおくと $f(x)$ が一様連続であることは，正の数 ε に対して正の数 δ で
$$|x-x'|<\delta \text{ のとき } |f(x)-f(x')|<\varepsilon$$
であるものが存在することである．もちろん x, x' は区間 $[a, b]$ の点で考えている．この主張の否定を作ると（この付録の「数列が収束しないとい

うことについて」を参照せよ）次のようになる．

　ある正の数 ε に対しては正の数 δ をどのように選んでも $|x-x'|<\delta$ で $|f(x)-f(x')|\geqq\varepsilon$ となる $a\leqq x\leqq b$, $a\leqq x'\leqq b$ が存在することになる.

　一様連続性が否定され，上の正の数 ε を選んだとしよう．正の数 δ としては何を選んでもよいので $\delta=1/n\,(n=1,2,\cdots)$ とおくと

$$|x_n-x_{n'}|<\frac{1}{n} \text{ で } |f(x_n)-f(x_{n'})|\geqq\varepsilon \tag{4}$$

となる $a\leqq x_n\leqq b$, $a\leqq x_{n'}\leqq b$ が存在することになる．数列 $\{x_n\}, \{x_{n'}\}$ は有界である．数列 $\{x_n\}$ から収束する部分列 $\{x_{n_k}\}$ を選ぶ．(4)から $\lim_{k\to\infty} x_{n_k}=\lim_{k\to\infty} x_{n_k'}$ である．この極限を x_0 とすると $a\leqq x_0\leqq b$ が成り立ち，仮定から $f(x)$ は x_0 で連続である．とくに $\lim_{x\to x_0}f(x)$ が存在する．ところが，(4)より $|f(x_{n_k})-f(x_{n_k'})|\geqq\varepsilon$ となり，$\lim_{x\to x_0}f(x)$ は存在しないことになる．これは矛盾である．

$\log(1+x)$, $\arctan x$ のテイラー展開について

　対数関数 $\log(1+x)$ のテイラー展開ではコーシーの剰余項を用いた議論が普通であるが，積分を用いた議論の方が簡単である（以下の説明は積分の知識を仮定する）．

$$\frac{1}{1-r}=\frac{1-r^n}{1-r}+\frac{r^n}{1-r}=1+r+r^2+r^3+\cdots+r^{n-1}+\frac{r^n}{1-r} \tag{5}$$

は $r\neq 1$ で恒等的に成り立つ．ここで $r=-t$ とおくと

$$\frac{1}{1+t}=1-t+t^2-t^3+\cdots+(-1)^{n-1}t^{n-1}+(-1)^n\frac{t^n}{1+t}$$

これを 0 から x まで積分すると，積分区間が $x=-1$ を含まなければ

$$\log(1+x)=\int_0^x\frac{1}{1+t}dt=x-\frac{x^2}{2}+\frac{x^3}{3}-\cdots+(-1)^{n-1}\frac{x^n}{n}+(-1)^n\int_0^x\frac{t^n}{1+t}dt$$

となる．とくに $-1<x<0$ のとき，右辺の最後の積分で $|t^n/(1+t)|\leqq|x^n/(1+x)|$ であるから

$$\left|\int_0^x\frac{t^n}{1+t}dt\right|\leqq|x|\frac{x^n}{1+x}\to 0 \quad (n\to\infty)$$

となる．これで $\log(1+x)$ のテイラー展開

$$\log(1+x)=x-\frac{x^2}{2}+\frac{x^3}{3}-\cdots+(-1)^{n-1}\frac{x^n}{n}+\cdots$$

が $-1<x<0$ で示された（$0≦x≦1$ でも同様に示すことができる）．

なお，上の等式(5)で $r=-t^2$ とおくと

$$\frac{1}{1+t^2}=1-t^2+t^4-t^6+\cdots+(-1)^{n-1}t^{2n-2}+(-1)^n\frac{t^{2n}}{1+t^2}$$

がわかる．これを 0 から x まで積分すると

$$\arctan x=\int_0^x\frac{1}{1+t^2}\,dt=x-\frac{x^3}{3}+\frac{x^5}{5}-\cdots+(-1)^{n-1}\frac{x^{2n-1}}{2n-1}+(-1)^n\int_0^x\frac{t^{2n}}{1+t^2}\,dt$$

となる．上と同様に，右辺の最後の積分で $t^{2n}/(1+t^2)≦x^{2n}$ が成り立つので，$-1<x<1$ のとき

$$\left|\int_0^x\frac{t^{2n}}{1+t^2}\,dt\right|≦|x|\times x^{2n}\to 0 \quad (n\to\infty)$$

となる．これで $\arctan x$ のテイラー展開

$$\arctan x=x-\frac{x^3}{3}+\frac{x^5}{5}-\cdots+(-1)^n\frac{x^{2n+1}}{2n+1}+\cdots$$

が $-1<x<1$ で示されている（右辺の一般項は1つずらしてある）．

付録2　第3章の補遺

3.1　定理 3.3 の証明

定理 3.3　有限閉区間 $I=[a,b]$ 上の連続関数 $f(x)$ は I 上で積分可能である．

証明　I の分割を考え，分点を $\{x_0, x_1, \cdots, x_n\}$ とする．すなわち，$a=x_0<x_1<\cdots<x_{n-1}<x_n=b$ である．これを $\varDelta=\{x_0, x_1, \cdots, x_n\}$ と表すことにする．$\varDelta_1 \subset \varDelta_2$ は分割 $\varDelta_1$ の分点がすべて分割 $\varDelta_2$ の分点になっていることを表す．また

$$M_k = \max_{x_{k-1} \leq x \leq x_k} f(x), \qquad m_k = \min_{x_{k-1} \leq x \leq x_k} f(x)$$

$$S_\varDelta = \sum_{k=1}^n M_k(x_k - x_{k-1}), \qquad s_\varDelta = \sum_{k=1}^n m_k(x_k - x_{k-1})$$

とし，各小区間 $[x_{k-1}, x_k]$ の任意の点を ξ_k とすると

$$s_\varDelta \leq \sum_{k=1}^n f(\xi_k)(x_k - x_{k-1}) \leq S_\varDelta$$

である．一方，$S_\varDelta$, $s_\varDelta$ については次の (ⅰ), (ⅱ), (ⅲ) が成立する．

(ⅰ)　$s_\varDelta \leq S_\varDelta$

(ⅱ)　$\varDelta_1 \subset \varDelta_2$ のとき，$s_{\varDelta_1} \leq s_{\varDelta_2}$，$S_{\varDelta_2} \leq S_{\varDelta_1}$

(ⅲ)　任意の2つの分割 $\varDelta_1$, $\varDelta_2$ に対して $s_{\varDelta_1} \leq S_{\varDelta_2}$

(ⅰ) は定義による．(ⅱ) については1つの分点 x_p が x_{k-1}, x_k の間に加わると

$$M_{k_1}(x_k - x_p) + M_{k_2}(x_p - x_{k-1}) \leq M_k(x_k - x_{k-1}),$$
$$m_{k_1}(x_k - x_p) + m_{k_2}(x_p - x_{k-1}) \geq m_k(x_k - x_{k-1})$$

(図 3.12, 3.13 を参照)．

(ⅲ) については，$\varDelta_1$ の分点と $\varDelta_2$ の分点の和集合を分点とする分割を $\varDelta_3$ とすると $\varDelta_1 \subset \varDelta_3$, $\varDelta_2 \subset \varDelta_3$ であり，(ⅰ) と (ⅱ) によって

図 3.12   図 3.13

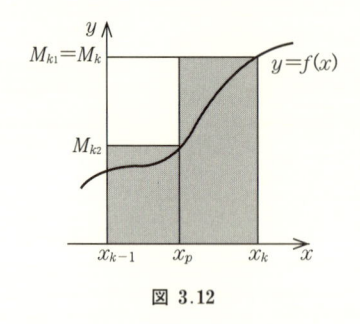

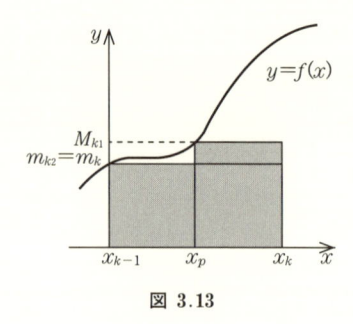

$$S_{\Delta_1} \leqq s_{\Delta_3} \leqq S_{\Delta_3} \leqq S_{\Delta_2}$$

次に

$$s = \max_{\Delta} s_{\Delta}, \quad S = \min_{\Delta} S_{\Delta} \ *$$

とおくと

$$s \leqq S$$

であるが, $f(x)$ が連続関数であるなら $s=S$ が成立することを示す. 定義から

$$0 \leqq S_{\Delta} - s_{\Delta} = \sum_{k=1}^{n}(M_k - m_k)(x_k - x_{k-1})$$

また, 連続関数 $f(x)$ は I で一様連続であるから, 任意の正数 ε に対して, 正数 δ をえらんで, $|x-y|<\delta$ をみたす任意の 2 点 x, y について

$$|f(x)-f(y)|<\varepsilon$$

となるようにできる. したがって

$$|\Delta| = \max_{1 \leqq k \leqq n}(x_k - x_{k-1})$$

とするとき, $|\Delta|<\delta$ であるような任意の分割 Δ について

$$0 \leqq M_k - m_k < \varepsilon \quad (k=1, 2, \cdots, n)$$

であることが, $f(x)$ の連続性により, 各小区間 $[x_{k-1}, x_k]$ の中の点で, その点における関数の値が M_k, m_k になるものがそれぞれ存在することからわかる. よって

$$0 \leqq S_{\Delta} - s_{\Delta} < \varepsilon \sum_{k=1}^{n}(x_k - x_{k-1}) = \varepsilon(b-a)$$

---

* s, S が定まるという事実を, **ワイエルシュトラス(Weierstrass)の定理**といい, 実数の定義に関する公理の1つである.

一方，$s_\Delta \leqq s \leqq S \leqq S_\Delta$ であるから
$$0 \leqq S - s \leqq S_\Delta - s_\Delta < \varepsilon(b-a)$$
ここで，$\varepsilon(b-a)$ はいくらでも小さくとれるから，$S=s$ である．結局，$|\Delta|<\delta$ であるような任意の分割 Δ について
$$-\varepsilon(b-a) < s_\Delta - S_\Delta \leqq S - \sum_{k=1}^{n} f(\xi_k)(x_k - x_{k-1}) \leqq S_\Delta - s_\Delta < \varepsilon(b-a)$$
すなわち
$$\left|\sum_{k=1}^{n} f(\xi_k)(x_k - x_{k-1}) - S\right| < \varepsilon(b-a)$$
よって，$f(x)$ は I 上で積分可能である．

(注意) 上の定理の証明の中での S, s はそれぞれ $f(x)$ の**上積分**，**下積分**といわれ
$$S = \overline{\int_a^b} f(x)\,dx, \qquad s = \underline{\int_a^b} f(x)\,dx$$
と表される．

$f(x)$ が $[a,b]$ で積分可能であるとは，上積分と下積分が一致するとき，すなわち，$S=s$ のときのことで，このとき
$$\int_a^b f(x)\,dx = S = s$$
である．

3.2 定理3.4の証明

定理3.4 有限閉区間 $I=[a,b]$ 上で連続，または区分的連続である関数 $f(x)$ の不定積分 $F(x)$ は I 上で連続であり，さらに $f(x)$ の連続点 x で微分可能で
$$F'(x) = \frac{d}{dx}\int_a^x f(t)\,dt = f(x)$$
である．

証明するために，次の補題を述べる．

補題3.1 関数 $f(x)$ が $x=x_0$ で微分可能であるためには，$x=x_0$ において連続な関数 $a(x)$ が存在して
$$f(x) = f(x_0) + a(x)(x - x_0) \tag{1}$$

と書けることが必要かつ十分であり，そのとき $f'(x_0) = a(x_0)$ である．

証明 $f(x)$ が $x = x_0$ で微分可能であるためには

$$f(x) = f(x_0) + A(x - x_0) + \varepsilon(x), \quad \lim_{x \to x_0} \frac{\varepsilon(x)}{x - x_0} = 0 \qquad (2)$$

をみたす定数 A が存在することが必要かつ十分であり，そのとき，$A = f'(x_0)$ であることが定義によりわかる．

まず，$f(x)$ が $x = x_0$ で微分可能であるとすると(2)が成立して $A = f'(x_0)$ であるから，(2)を変形して

$$\frac{f(x) - f(x_0)}{x - x_0} = f'(x_0) + \frac{\varepsilon(x)}{x - x_0}, \quad \lim_{x \to x_0} \frac{\varepsilon(x)}{x - x_0} = 0 \qquad (3)$$

を得る．このとき

$$\begin{cases} a(x) = f'(x_0) + \dfrac{\varepsilon(x)}{x - x_0} & (x \neq x_0), \\ a(x_0) = f'(x_0) \end{cases} \qquad (4)$$

とおく．(3)から $\lim_{x \to x_0} a(x) = \lim_{x \to x_0} (f(x) - f(x_0))/(x - x_0) = f'(x_0)$ となるから，$a(x)$ は $x = x_0$ で連続であり，(4)の $a(x)$ は(1)をみたしている．

逆に，$x = x_0$ の近傍で(1)が成立しているとすると

$$\frac{f(x) - f(x_0)}{x - x_0} = a(x) \to a(x_0) \quad (x \to x_0)$$

だから，$f(x)$ は $x = x_0$ で微分可能であり，$a(x_0) = f'(x_0)$ である．

定理3.4の証明 $f(x)$ は I 上で有界であるから，正の定数 M が存在して

$$|f(x)| \leq M, \quad x \in I$$

である．よって，任意の点 c の近傍の各点 x に対して

$$|F(x) - F(c)| = \left| \int_c^x f(t)\, dt \right| \leq \left| \int_c^x |f(t)|\, dt \right| \leq M|x - c|$$

ゆえに $\lim_{x \to c} F(x) = F(c)$ となり，$F(x)$ は I の任意の点 c で連続である．

次に，x_0 が $f(x)$ の連続点であるとすると，区分的連続性により，x_0 のある近傍のすべての点 x が $f(x)$ の連続点である．よって

$$F(x) = F(x_0) + \left(\frac{1}{x - x_0} \int_{x_0}^x f(t)\, dt \right)(x - x_0)$$

と書けるから

$$a(x) = \begin{cases} \dfrac{1}{x-x_0}\displaystyle\int_{x_0}^{x} f(t)\,dt & (x \neq x_0) \\ f(x_0) & (x = x_0) \end{cases}$$

とおくとき，補題 3.1 によって，$a(x)$ が $x=x_0$ で連続であることを示せばよい．定理 3.2 （平均値の定理）により

$$\frac{1}{x-x_0}\int_{x_0}^{x} f(t)\,dt = f(\xi) \quad x_0 \leqq \xi \leqq x)$$

をみたす ξ が存在する．$x \to x_0$ のとき $\xi \to x_0$ だから

$$\lim_{x \to x_0} f(\xi) = f(x_0)$$

となり，$\lim\limits_{x \to x_0} a(x) = f(x_0)$．すなわち，$a(x)$ は $x=x_0$ で連続である．

3.3　$I(m, n) = \int \sin^m x \cdot \cos^n x \, dx$ の漸化式の証明

(1)　$I(m, n) = \dfrac{\sin^{m+1} x \cdot \cos^{n-1} x}{m+n} + \dfrac{n-1}{m+n} I(m, n-2) \quad (m+n \neq 0) \hfill (3.5)$

(2)　$I(m, n) = -\dfrac{\sin^{m-1} x \cdot \cos^{n+1} x}{m+n} + \dfrac{m-1}{m+n} I(m-2, n) \quad (m+n \neq 0) \hfill (3.6)$

(3)　$I(m, n) = -\dfrac{\sin^{m+1} x \cdot \cos^{n+1} x}{n+1} + \dfrac{m+n+2}{n+1} I(m, n+2) \quad (n \neq -1) \hfill (3.7)$

(4)　$I(m, n) = \dfrac{\sin^{m+1} x \cdot \cos^{n+1} x}{m+1} + \dfrac{m+n+2}{m+1} I(m+2, n) \quad (m \neq -1) \hfill (3.8)$

証明　(1) 部分積分法により

$$I(m, n) = \int (\sin^m x \cos x) \cos^{n-1} x \, dx \quad (m+n \neq 0)$$

$$= \frac{\sin^{m+1} x}{m+1} \cos^{n-1} x + \frac{n-1}{m+1} \int \sin^{m+2} x \cos^{n-2} x \, dx \quad (m \neq -1 \text{ のとき})$$

一方，$\sin^{m+2} x \cos^{n-2} x = \sin^m x (1 - \cos^2 x) \cos^{n-2} x$

$$= \sin^m x \cos^{n-2} x - \sin^m x \cos^n x$$

だから，上式に代入して整頓すると，$m \neq -1$ のとき (3.5) を得る．

$m = -1$ のとき　$I(-1, n) - I(-1, n-2)$

$$= \int \frac{\cos^n x - \cos^{n-2} x}{\sin x} dx = \int (-\cos^{n-2} x) \sin x \, dx$$

$$(\because \quad \cos^n x - \cos^{n-2} x = -(1-\cos^2 x)\cos^{n-2} x = -\cos^{n-2} x \sin^2 x)$$

$$\int t^{n-2} dt = \frac{t^{n-1}}{n-1} + C \quad (\cos x = t \text{ とおいた})$$

$$=\frac{\cos^{n-1}x}{n-1}+C \text{ であり,}\quad I(-1, n)=\frac{\cos^{n-1}x}{n-1}+I(-1, n-2)$$

だから，$m=-1$ のときも (3.5) が $m+n \neq 0$ の仮定の下で成立する．
また，同様にして

$$I(m, n) = \int (\sin x \cos^n x) \sin^{m-1} x \, dx$$

$$= -\frac{\sin^{m-1}x\cos^{n+1}x}{n+1}+\frac{m-1}{n+1}\int \sin^{m-2}x\cos^{n+2}x \, dx$$

これに

$$\sin^{m-2}x\cos^{n+2}x = \sin^{m-2}x(1-\sin^2 x)\cos^n x$$
$$= \sin^{m-2}x\cos^n x - \sin^m x \cos^n x$$

を代入して整頓すると (3.6) を得る．

次に，(3.5) において n の代わりに $n+2$ とおき，$I(m, n)$ について解くと (3.7) を得る．同様に，(3.6) において m の代わりに $m+2$ とおき $I(m, n)$ について解くと，(3.8) を得る．

3.4 定理 3.9 の証明

定理 3.9 (i) $f(x)$ が区間 $(a, b]$ で連続で，$x=a$ が特異点であるとき，広義積分 $\int_a^b f(x)\,dx$ が収束するための必要十分条件は，任意の正数 ε に対して，ある正数 δ が存在して，$a<p<q<a+\delta$ をみたす任意の p, q に対して

$$\left|\int_p^q f(x)\,dx\right|<\varepsilon$$

となることである．($[a, b)$ で連続で，b が特異点のときも同様のことが成立する．)

(ii) $f(x)$ が区間 $[a, +\infty)$ で連続とするとき，広義積分 $\int_a^\infty f(x)\,dx$ が収束するための必要十分条件は，任意の正数 ε に対して，ある数 $T>a$ が存在して，$T<p<q$ をみたす任意の p, q に対して

$$\left|\int_p^q f(x)\,dx\right|<\varepsilon$$

となることである．（$(-\infty, b]$ で連続のときも同様のことが成立する．)

次の補題 3.2 が必要である.

補題 3.2 （ⅰ）区間 $(a, b]$ で定義された関数 $F(t)$ が極限値 $\lim_{t \to a+0} F(t)$ をもつための必要十分条件は，任意の正数 ε に対して，ある正数 δ が存在して，$0 < p-a < \delta$, $0 < q-a < \delta$ をみたす任意の p, q に対して
$$|F(p) - F(q)| < \varepsilon$$
が成立することである.

（ⅱ）区間 $[a, \infty)$ で定義された関数 $F(t)$ が極限値 $\lim_{t \to \infty} F(t)$ をもつための必要十分条件は，任意の正数 ε に対して，ある数 $T > a$ が存在して，$T < p$, $T < q$ をみたす任意の p, q に対して
$$|F(p) - F(q)| < \varepsilon$$
が成立することである.

証明　（ⅰ）$\lim_{t \to a+0} F(t) = l$ とすると，任意の正数 ε に対して，ある正数 δ が存在して $0 < p-a < \delta$, $0 < q-a < \delta$ をみたす任意の p, q に対して
$$|F(p) - l| < \frac{\varepsilon}{2}, \quad |F(q) - l| < \frac{\varepsilon}{2}$$
よって
$$|F(p) - F(q)| \leq |F(p) - l| + |F(q) - l| < \varepsilon$$
を得る. 逆に, 上の結論が成立するとき, $x_n = a + 1/n$ $(n = 1, 2, \cdots)$ として, 数列 $\{x_n\}$ を考えると, $\lim_{n \to \infty} x_n = a$ である. このとき, 数列 $\{F(x_n)\}$ は Cauchy 列であるから, ある数 l が存在して, $\lim_{n \to \infty} F(x_n) = l$ である. 任意の正数 ε が与えられたとすると, ある正数 δ が存在して $0 < t-a < \delta$, $0 < x_n - a < \delta$ をみたす t, x_n に対して
$$|F(t) - F(x_n)| < \varepsilon, \quad n \to \infty \text{ とすると } \quad |F(t) - l| \leq \varepsilon$$
よって
$$\lim_{t \to a+0} F(t) = l$$

（ⅱ）$\lim_{t \to \infty} F(t) = l$ とすると，任意の正数 ε に対して，ある正数 $T > a$ が存在して $T < p$, $T < q$ をみたす任意の p, q に対して
$$|F(p) - l| < \frac{\varepsilon}{2}, \quad |F(q) - l| < \frac{\varepsilon}{2}$$

よって
$$|F(p)-F(q)|\leq|F(p)-l|+|F(q)-l|<\varepsilon$$
を得る．逆に，上の結論が成立するとき，$x_n=a+n(n=1,2,\cdots)$ として，数列 $\{x_n\}$ を考えると $\lim_{n\to\infty}x_n=\infty$ である．

このとき，数列 $\{F(x_n)\}$ はコーシー列であるから，ある数 l が存在して，$\lim_{n\to\infty}F(x_n)=l$ である．任意の正数 ε が与えられたとすると，ある正数 $T>a$ が存在して，$t>T$，$x_n>T$ をみたす．t, x_n に対して
$$|F(t)-F(x_n)|<\varepsilon$$
$n\to\infty$ とすると
$$|F(t)-l|\leq\varepsilon$$
よって
$$\lim_{t\to\infty}F(t)=l$$

定理 3.9 の証明（ⅰ）$F(t)=\int_t^b f(x)\,dx$, $a<t\leq b$ とおくと，補題 3.2 の（ⅰ）により，$\lim_{t\to a+0}F(t)$ が存在するための必要十分条件は，任意の正数 ε に対してある正数 δ が存在し，$a<p<q<a+\delta$ をみたす任意の p, q に対して
$$|F(p)-F(q)|<\varepsilon$$
が成立することである．$F(p)-F(q)=\int_p^q f(x)\,dx$ だから，（ⅰ）の結論を得る．

（ⅱ）$F(t)=\int_a^t f(x)\,dx$, $a<t<\infty$ とおき，補題 3.2 の（ⅱ）を適用する．

3.5 広義積分は収束するが，絶対収束しない関数の例

例 広義積分 $I=\int_0^\infty (\sin x/x)\,dx$ は収束するが，絶対収束しない．

証明 $I_1=\int_0^1 (\sin x/x)\,dx$, $I_2=\int_1^\infty (\sin x/x)\,dx$ とすると $I=I_1+I_2$ で，I_1 は $\sin x/x$ が $[0,1]$ で有界であることから，収束する．

$1<T<p<q$ のとき，$\int_p^q (\sin x/x)\,dx=[-\cos x/x]_p^q-\int_p^q (\cos x/x^2)\,dx$ で

$$\left|\int_p^q \frac{\sin x}{x} dx\right| \leq \frac{1}{p} + \frac{1}{q} + \int_p^q \frac{1}{x^2} dx = \frac{1}{p} + \frac{1}{q} + \left[-\frac{1}{x}\right]_p^q$$
$$= \frac{2}{p} \to 0 \quad (p \to \infty)$$

だから,定理 3.2 の (ii) により,I_2 は収束する.よって I は収束する(実は,$I = \pi/2$ であることがわかっている).

一方,自然数 n に対して
$$\int_0^{n\pi} \frac{|\sin x|}{x} dx = \sum_{k=1}^n \int_{(k-1)\pi}^{k\pi} \frac{|\sin x|}{x} dx$$
$$= \sum_{k=1}^n \int_0^\pi \frac{\sin t}{(k-1)\pi + t} dt > \sum_{k=1}^n \frac{1}{k\pi} \int_0^\pi \sin t \, dt$$
$$= \frac{2}{\pi}\left(1 + \frac{1}{2} + \cdots + \frac{1}{n}\right) > \frac{2}{\pi} \int_1^n \frac{1}{x} dx$$
$$= \frac{2}{\pi} \log n \to \infty \quad (n \to \infty)$$

よって,$\int_0^\infty (|\sin x|/x) \, dx$ は発散する.

3.6 定理 3.12 の証明

定理 3.12 (i) $f(x)$ が $[a, b]$ で C^2 級の関数であるとき,$M = \max |f''(x)|$ とすると
$$\left|\int_a^b f(x) dx - \frac{b-a}{2n}\{y_0 + 2(y_2 + y_4 + \cdots + y_{2(n-1)}) + y_{2n}\}\right| \leq \frac{M}{12} \frac{(b-a)^3}{n^2}$$

(ii) $f(x)$ が $[a, b]$ で C^4 級の関数であるとき,$M' = \max_{x \in [a,b]} |f^{(4)}(x)|$ とすると
$$\left|\int_a^b f(x) dx - \frac{b-a}{6n}\{y_0 + 4(y_1 + y_3 + \cdots + y_{2n-1})\right.$$
$$\left. + 2(y_2 + y_4 + \cdots + y_{2(n-1)}) + y_{2n}\}\right| \leq \frac{M'(b-a)^5}{2880 n^4}$$

次の補題が必要である.

補題 3.3 (i) $F(x)$ は $[a, b]$ で C^3 級の関数であるとするとき
$$F(b) = F(a) + \frac{1}{2}(b-a)\{F'(a) + F'(b)\} - \frac{1}{12}(b-a)^3 F'''(\xi)$$
をみたす $\xi (a < \xi < b)$ が存在する.

(ii) $F(x)$ は $[a, b]$ で C^5 級の関数であるとするとき

$$F(b)=F(a)+\frac{1}{6}(b-a)\left\{F'(a)+F'(b)+4F'\left(\frac{a+b}{2}\right)\right\}$$
$$-\frac{1}{2880}(b-a)^5 F^{(5)}(\eta)$$

をみたす $\eta\,(a<\eta<b)$ が存在する．

証明 （i） $F(b)=F(a)+\frac{1}{2}(b-a)\{F'(a)+F'(b)\}-\frac{1}{12}(b-a)^3 A$
となるように定数 A を定め，x の関数

$$G(x)=2F(b)-2F(x)-(b-x)\{F'(x)+F'(b)\}+\frac{A(b-x)^3}{6}$$

を考える．

$G(x)$ は $[a, b]$ で微分可能で，$G(b)=G(a)=0$. よって，平均値の定理により $G'(\theta)=0$ をみたす $\theta\,(a<\theta<b)$ が存在する．また

$$G'(x)=-2F'(x)+\{F'(x)+F'(b)\}-(b-x)F''(x)-\frac{(b-x)^2 A}{2}$$

で，$G'(x)$ は $[\theta, b]$ で微分可能であり，$G'(b)=G'(\theta)=0$. 再び，平均値の定理により $G''(\xi)=0$ をみたす $\xi\,(\theta<\xi<b)$ が存在する．さらに

$$G''(x)=-2F''(x)+F''(x)+F''(x)-(b-x)F'''(x)+(b-x)A$$

だから

$$G''(\xi)=-(b-\xi)F'''(\xi)+(b-\xi)A=0$$

ゆえに

$$A=F'''(\xi)$$

を得る．

(ii) $F(b)=F(a)+(b-a)\{F'(a)+F'(b)+4F'(a+b)/2\}/6-(b-a)^5 B/2880$ となるように定数 B を定め，x の関数

$$G(x)=6F(b)-6F(x)-(b-x)\left\{F'(x)+F'(b)+4F'\left(\frac{x+b}{2}\right)\right\}$$
$$+\frac{(b-x)^5}{480}B$$

を考える．$G(x)$ は $[a, b]$ で微分可能で，$G(b)=G(a)=0$. よって，平均値の定理により $G'(\eta_1)=0$ をみたす $\eta_1\,(a<\eta_1<b)$ が存在する．

また
$$G'(x) = -6F'(x) + \left\{F'(x) + F'(b) + 4F'\left(\frac{x+b}{2}\right)\right\}$$
$$- (b-x)\left\{F''(x) + 2F''\left(\frac{x+b}{2}\right)\right\} - \frac{(b-x)^4}{96}B$$

で，$G'(x)$ は $[\eta, b]$ で微分可能であり，$G'(b) = G'(\eta_1) = 0$．再び平均値の定理により $G''(\eta_2) = 0$ をみたす $\eta_2 (\eta_1 < \eta_2 < b)$ が存在する．さらに

$$G''(x) = -6F''(x) + \left\{F''(x) + 2F''\left(\frac{x+b}{2}\right)\right\}$$
$$+ \left\{F''(x) + 2F''\left(\frac{x+b}{2}\right)\right\} - (b-x)\left\{F'''(x) + F'''\left(\frac{x+b}{2}\right)\right\}$$
$$+ \frac{(b-x)^3}{24}B$$

だから

$$0 = G''(\eta_2) = -4\bigg[F''(\eta_2) - F''\left(\frac{\eta_2+b}{2}\right)$$
$$+ \frac{(b-\eta_2)}{4}\left\{F'''(\eta_2) + F'''\left(\frac{\eta_2+b}{2}\right)\right\} - \frac{(b-\eta_2)^3}{96}B\bigg]$$

(i) の結果を $F''(x)$ に対して $[\eta_2, (\eta_2+b)/2]$ で用いると

$$F''(\eta_2) - F''\left(\frac{\eta_2+b}{2}\right) + \frac{(b-\eta_2)}{4}\left\{F'''(\eta_2) + F'''\left(\frac{\eta_2+b}{2}\right)\right\}$$
$$= \frac{1}{12}\left(\frac{b-\eta_2}{2}\right)^3 F^{(5)}(\eta)$$

なる $\eta (\eta_2 < \eta < (\eta_2+b)/2)$ が存在する．よって，$B = F^{(5)}(\eta)$ を得る．

補題 3.4 (i) $f(x)$ を $[a, b]$ で C^2 級の関数とするとき
$$\int_a^b f(x)\,dx - \frac{1}{2}(b-a)\{f(a) + f(b)\} = -\frac{f''(\xi)}{12}(b-a)^3$$
をみたす $\xi (a < \xi < b)$ が存在する．

(ii) $f(x)$ を $[a, b]$ で C^4 級の関数とするとき
$$\int_a^b f(x)\,dx - \frac{1}{6}(b-a)\left\{f(a) + 4f\left(\frac{a+b}{2}\right) + f(b)\right\}$$
$$= -\frac{f^{(4)}(\eta)}{2880}(b-a)^5$$

をみたす $\eta\,(a<\eta<b)$ が存在する．

証明 $F(x)=\int_a^x f(t)\,dt$ とおくと，補題3.3より，(ⅰ),(ⅱ)でそれぞれ

$$F(b)-F(a)=\frac{1}{2}(b-a)\{F'(a)+F'(b)\}-\frac{1}{12}(b-a)^3 F'''(\xi)$$

$$F(b)-F(a)=\frac{1}{6}(b-a)\left\{F'(a)+4F'\left(\frac{a+b}{2}\right)+F'(b)\right\}$$
$$-\frac{1}{2880}(b-a)^5 F^{(5)}(\eta)$$

をみたす $\xi,\eta\,(a<\xi,\eta<b)$ が存在する．

$F'(x)=f(x)$ であるから，(ⅰ),(ⅱ)が示される． ∎

(注意) 補題3.4で，とくに $f(x)$ が3次以下の多項式ならば(ⅱ)の等式の右辺は 0，また $f(x)$ が1次以下の多項式であるならば，(ⅰ)の等式の右辺は 0 である．

定理3.12 の証明 (ⅰ) 小区間 $[x_{i-1},x_i]$ に補題3.4の(ⅰ)を適用すると，$x_i-x_{i-1}=(b-a)/n$ であるから

$$\int_{x_{i-1}}^{x_i} f(x)\,dx-\frac{1}{2}\frac{b-a}{n}(y_{2(i-1)}+y_{2i})=-\frac{f''(\xi_i)}{12}\left(\frac{b-a}{n}\right)^3,\ \ \xi_i\in(x_{i-1},x_i)$$

よって

$$\left|\sum_{i=1}^n\left\{\int_{x_{i-1}}^{x_i} f(x)\,dx-\frac{1}{2}\frac{b-a}{n}(y_{2(i-1)}+y_{2i})\right\}\right|$$
$$=\left|\int_a^b f(x)\,dx-\frac{b-a}{2n}\{y_0+2(y_2+y_4+\cdots+y_{2(n-1)})+y_{2n}\}\right|$$
$$=\left|\sum_{i=1}^n \frac{f''(\xi_i)}{12}\left(\frac{b-a}{n}\right)^3\right|\leqq\left(\frac{b-a}{n}\right)^3\sum_{i=1}^n\frac{|f''(\xi_i)|}{12}$$
$$\leqq\left(\frac{b-a}{n}\right)^3\sum_{i=1}^n\frac{M}{12}=\frac{M}{12}\cdot\frac{(b-a)^3}{n^2}$$

(ⅱ) 小区間 $[x_{i-1},x_i]=[\xi_{2(i-1)},\xi_{2i}]$ に，補題3.4の(ⅱ)を適用すると

$$\int_{x_{i-1}}^{x_i} f(x)\,dx-\frac{1}{6}\frac{b-a}{n}(y_{2(i-1)}+4y_{2i-1}+y_{2i})$$
$$=-\frac{f^{(4)}(\eta_i)}{2880}\left(\frac{b-a}{n}\right)^5,\quad \eta_i\in(x_{i-1},x_i)$$

よって

$$\left|\sum_{i=1}^n\left\{\int_{x_{i-1}}^{x_i} f(x)\,dx-\frac{1}{6}\frac{b-a}{n}(y_{2(i-1)}+4y_{2i-1}+y_{2i})\right\}\right|$$

$$= \left| \int_a^b f(x)\,dx - \frac{b-a}{6n}\{y_0 + 4(y_1 + y_3 + \cdots + y_{2n-1}) \right.$$
$$\left. + 2(y_2 + y_4 + \cdots + y_{2(n-1)}) + y_{2n}\} \right|$$
$$= \left| \sum_{i=1}^{n} \frac{f^{(4)}(\eta_i)}{2880}\left(\frac{b-a}{n}\right)^5 \right| \leq \left(\frac{b-a}{n}\right)^5 \sum_{i=1}^{n} \frac{|f^{(4)}(\eta_i)|}{2880}$$
$$\leq \left(\frac{b-a}{n}\right)^5 \sum_{i=1}^{n} \frac{M'}{2880} = \frac{M'}{2880} \frac{(b-a)^5}{n^4}$$

3.7 台形公式とシンプソンの公式

積分区間 $[a, b]$ を分点によって，分割されて出来る小区間 $[x_{i-1}, x_i]$ の中の適当な点 ξ_i について，

$$\int_{x_{i-1}}^{x_i} f(x)\,dx = f(\xi_i)(x_i - x_{i-1}) \quad (\text{積分の平均値の定理})$$

である．そこで，ξ_i として，$[x_{i-1}, x_i]$ の中点 $(x_{i-1} + x_i)/2$ をとって，$\int_{x_{i-1}}^{x_i} f(x)\,dx$ の近似値と考えたものを**中点公式**という．図 3.14 の斜線部分の面積を近似値とする．

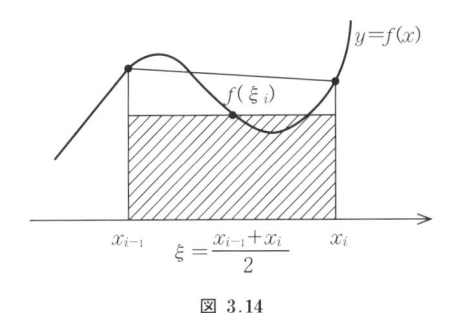

図 3.14

すなわち，台形公式が小区間の端点での関数の値の平均を用いるのに対して，小区間の中点での関数の値を用いたものである．詳細は省略するが，中点公式の誤差は台形公式の誤差と符号で反対で，絶対値はほぼ半分であることが示される．

この事実に着目して，上式の $f(\xi_i)(x_i - x_{i-1})$ の $f(\xi_i)$ の近似値として

$$\frac{1}{3}\left\{\frac{f(x_{i-1}) + f(x_i)}{2} + 2 \cdot f\left(\frac{x_{i-1} + x_i}{2}\right)\right\}$$

と考えれば，近似誤差が相殺して精度が上がることになる．この公式がシンプソンの公式である．

3.8 積分公式（追加分）
（1） 初等関数の原始関数

1. $\displaystyle\int \frac{1}{\sin x}\,dx = \log\left|\tan\frac{x}{2}\right| + c$ 　　2. $\displaystyle\int \frac{1}{\sin^2 x}\,dx = -\cot x + c$

3. $\displaystyle\int \frac{1}{\cos x}\,dx = \log\left|\frac{1+\sin x}{\cos x}\right| + c$ 　　4. $\displaystyle\int \frac{1}{\cos^2 x}\,dx = \tan x + c$

（2） いろいろな漸化式（n は整数）

1. $\displaystyle I_n = \int \frac{x^n}{\sqrt{ax^2+bx+c}}\,dx \quad (a\neq 0,\ n\geq 0)$

   $\displaystyle I_n = \frac{x^{n-1}}{na}\sqrt{ax^2+bx+c} - \frac{(2n-1)b}{2na}I_{n-1} - \frac{(n-1)c}{na}I_{n-2} \quad (n\geq 2)$

2. $\displaystyle I_n = \int \tan^n x\,dx, \qquad I_n = \frac{\tan^{n-1} x}{n-1} - I_{n-2} \quad (n\neq 1)$

3. $\displaystyle I_n = \int x^n \sin x\,dx, \qquad J_n = \int x^n \cos x\,dx \quad (n\geq 0)$

   $\displaystyle I_n = -x^n \cos x + nJ_{n-1}, \qquad J_n = x^n \sin x - nI_{n-1}$

4. $\displaystyle I_n = \int x^n e^x\,dx, \qquad I_n = x^n e^x - nI_{n-1}$

5. $\displaystyle I_n = \int x^\alpha (\log x)^n\,dx \quad (\alpha \neq -1,\ n\geq 0)$

   $\displaystyle I_n = \frac{x^{\alpha+1}}{\alpha+1}(\log x)^n - \frac{n}{\alpha+1}I_{n-1}$

（3） 定積分

1. $m,\ n$ は 0 以上の整数

$$\int_0^{\pi/2} \sin^m x \cos^n x\,dx = \begin{cases} \dfrac{(m-1)!!\,(n-1)!!}{(m+n)!!}\cdot\dfrac{\pi}{2} & (m\text{と}n\text{がともに偶数}) \\[2mm] \dfrac{(m-1)!!\,(n-1)!!}{(m+n)!!} & (\text{その他}) \end{cases}$$

ここで，$m!!$ は m が偶数のとき，2 から m までのすべての偶数の積を表し，m が奇数のときは 1 から m までのすべての奇数の積を表す．ただし，$0!!=(-1)!!=1$ とする．

2. ガンマ関数 $\Gamma(p) = \int_0^\infty x^{p-1} e^{-x} dx \quad (p>0)$

ベータ関数 $B(p, q) = \int_0^1 x^{p-1}(1-x)^{q-1} dx \quad (p>0, q>0)$

$\Gamma(1) = 1, \quad \Gamma(p+1) = p\Gamma(p), \quad \Gamma(n) = (n-1)! \quad (n \text{ は自然数})$

$B(p, q) = \dfrac{\Gamma(p)\Gamma(q)}{\Gamma(p+q)}, \quad \int_0^\infty e^{-x^2} dx = \dfrac{1}{2}\Gamma\left(\dfrac{1}{2}\right) = \dfrac{\sqrt{\pi}}{2}$

問と練習問題解答

第1章

問1.1 (1) $k/2$ (2) $1/3$ (3) e^k (4) $a>b$ のとき 1, $a=b$ のとき 0, $a<b$ のとき -1 である.   (5) 0 (6) 0

問1.2 ある正の数 ε に対しては, 番号 N をどのように選んでも $|a_n-a_m|\geqq\varepsilon$ となる $n\geqq N,\ m\geqq N$ が存在する.

問1.3 極限が2つ以上あるとし, その2つを $A,\ A'$ とする. $A>A'$ のとき $\varepsilon=(A-A')/2$ として極限の定義をあてはめると $|a_n-A|<\varepsilon\ (n\geqq N_1)$, $|a_n-A'|<\varepsilon\ (n\geqq N_2)$ となる $N_1,\ N_2$ がある. $n\geqq N=\max(N_1,\ N_2)$ では $A-\varepsilon=(A+A')/2<a_n,\ a_n<A'+\varepsilon=(A+A')/2$ となり矛盾が生ずる. $A<A'$ としても同様である. よって $A=A'$ である (定理1.1の証明を参照せよ).

問1.4 例えば $a_n=2/n,\ b_n=1/n$

問1.5 例えば, A を10進法の小数で表しておき, その小数第 n 位以下を切り捨てたものを a_n とする.

問1.6 例えば, $a_n=A+\sqrt{2}/n$ とする.

問1.7 (1) m/n (2) n/m (3) $a/2$ (4) $4/9$

問1.8 (1) e^k (2) $1/2$ (3) 0

問1.9 (6) $\arcsin x=y$ とおくと $x=\sin y$ である. $|x|\leqq 1/\sqrt{2}$ から $-\pi/4\leqq y\leqq\pi/4$ となる. $2x\sqrt{1-x^2}=2\sin y\sqrt{1-(\sin y)^2}=2\sin y\cos y=\sin 2y$ と $-\pi/2\leqq 2y\leqq\pi/2$ から $2y=\arcsin(2x\sqrt{1-x^2})=2\arcsin x$ を得る. 他も同様である.

問1.10 (1) $x=\log(y+\sqrt{y^2+1})$ (2) $x=\dfrac{1}{2}\log\left(\dfrac{1+y}{1-y}\right)$

練習問題1

1.1 b_n は n 個の数 $a_1,\ a_2,\ \cdots,\ a_n$ の平均である. 数列 $\{a_n\}$ は A に収束するから, これ

らの数 a_n の中には A にいくらでも近い数が現れてくる．さらに番号 n を大きくすれば，$a_1, a_2, \cdots, a_n$ の中にいくらでも A に近い数が次々に多く現れ，その平均である b_n はいくらでも A に近くなる（普通の文章のこの解答を，ε–δ 法にすると次のように面倒なものになる）．正の数 ε に対して $|a_n - A| < \varepsilon/2 \, (n \geq N_1)$ となる番号 N_1 が存在する．この N_1 に対して

$$M = \sum_{i=1}^{N_1} |a_i - A|, \quad N_2 = \left[\frac{2M}{\varepsilon}\right] + 1$$

とおく．さらに $N = \max(N_1, N_2)$ とおけば，$n \geq N$ のとき

$$|b_n - A| = |(\sum_{i=1}^{n} a_i)/n - A| \leq (\sum_{i=1}^{N_1} |a_i - A|)/n + \Big(\sum_{i=N_1+1}^{n} |a_i - A|\Big)/n < \frac{M}{n}$$

$$+ \frac{(n - N_1)\varepsilon/2}{n} \leq \frac{M}{N_2} + \frac{\varepsilon}{2} \leq \frac{\varepsilon}{2} + \frac{\varepsilon}{2} = \varepsilon$$

となり $b_n \to A \, (n \to \infty)$ が示された．

1.2 $a > 0, a \neq 1$ をとり，a を底とする対数をとる．$b_n = \log_a(a_{n+1}/a_n)$ とおけば $b_n \to \log_a A \, (n \to \infty)$ である．前問より

$$\log_a(\sqrt[n]{a_n}) = \Big(\sum_{i=1}^{n-1} b_i + \log_a a_1\Big)/n \to \log_a A \, (n \to \infty)$$

よって　$\sqrt[n]{a_n} \to A \, (n \to \infty)$

1.3 (1) 極限 A が存在するとすれば，条件式 $a_{n+1} = \sqrt{2a_n}$ で $n \to \infty$ として $A = \sqrt{2A}$ でなければならない．明らかに $a_n \geq 1$ であるから $A = 2$ のはずである．そこで次のように計算する．

$$|a_n - 2| = |\sqrt{2a_{n-1}} - 2| = \left|\frac{(\sqrt{2a_{n-1}} - 2)(\sqrt{2a_{n-1}} + 2)}{\sqrt{2a_{n-1}} + 2}\right| = \left|\frac{\sqrt{2}(a_{n-1} - 2)}{\sqrt{a_{n-1}} + \sqrt{2}}\right|$$

右辺の分母は 2 より大きいから $|a_n - 2| \leq (\sqrt{2}/2)|a_{n-1} - 2|$．これを繰り返し用いると

$$|a_n - 2| \leq \frac{\sqrt{2}}{2}|a_{n-1} - 2| \leq \left(\frac{\sqrt{2}}{2}\right)^2 |a_{n-2} - 2| \leq \cdots \leq \left(\frac{\sqrt{2}}{2}\right)^{n-1} |a_1 - 2| \to 0 \, (n \to \infty)$$

(2) (1) と同様に極限 A が存在すれば $A^2 = A + 2$ である．よって $A = 2$，次の計算によりこれが確かめられる．

$$|a_n - 2| = |\sqrt{2 + a_{n-1}} - 2| = \left|\frac{(\sqrt{2 + a_{n-1}} - 2)(\sqrt{2 + a_{n-1}} + 2)}{\sqrt{2 + a_{n-1}} + 2}\right|$$

$$= \left|\frac{a_{n-1} - 2}{\sqrt{2 + a_{n-1}} + 2}\right|.$$

右辺の分母は 2 より大きいから $|a_n - 2| \leq \frac{1}{2}|a_{n-1} - 2|$．これを繰り返し用

いると
$$|a_n-2|\leq \frac{1}{2}|a_{n-1}-2|\leq \left(\frac{1}{2}\right)^2|a_{n-2}-2|\leq \cdots \leq \left(\frac{1}{2}\right)^{n-1}|a_1-2| \to 0 \ (n\to\infty)$$

1.5 (2) $a_n-b_n=(\sqrt{a_{n-1}}-\sqrt{b_{n-1}})^2/2=\dfrac{(\sqrt{a_{n-1}}-\sqrt{b_{n-1}})^2(\sqrt{a_{n-1}}+\sqrt{b_{n-1}})}{2(\sqrt{a_{n-1}}+\sqrt{b_{n-1}})}$

$=(a_{n-1}-b_{n-1})\dfrac{\sqrt{a_{n-1}}-\sqrt{b_{n-1}}}{2(\sqrt{a_{n-1}}+\sqrt{b_{n-1}})}\leq \dfrac{1}{2}(a_{n-1}-b_{n-1})$

である．あとは問題 1.3 と同様．

1.6 $f(x+y+z)=f(x)+f(y+z)=f(x)+f(y)+f(z)$ が成り立つ．帰納的に
$$f\left(\sum_{i=1}^{n} x_i\right)=\sum_{i=1}^{n} f(x_i) \tag{1}$$
が証明できる．ここで $x_i=1/n \ (i=1,2,\cdots,n)$ とおくと $f(1)=nf(1/n)$ となり
$$f\left(\frac{1}{n}\right)=\frac{1}{n}f(1)=\frac{k}{n} \ (k=f(1) \text{ とする})$$
がわかる．(1) の n を m におきかえた式で $x_i=1/n \ (i=1,2,\cdots,m)$ とすると
$$f\left(\frac{m}{n}\right)=mf\left(\frac{1}{n}\right)=k\frac{m}{n}$$
となり，有理数 x で $f(x)=kx$ が成り立つことがわかる．無理数 x については x に収束する有理数列 $\{x_n\}$ をとると $f(x)$ の連続性から $f(x)=\lim_{n\to\infty} f(x_n)=\lim_{n\to\infty} kx_n=kx$ となり $f(x)=kx$ である．

1.7 $f(0)=0$ ならば $c=0$ が求める条件をみたす．$f(1)=1$ ならば $c=1$ とすればよい．$f(0)>0$, $f(1)<1$ のときを考える．$g(x)=f(x)-x$ とおくと $g(0)>0$, $g(1)<0$ となる．よって中間値の定理から $g(c)=0$ となる $0\leq c\leq 1$ が存在する．

第2章

問 2.2 (1) $\dfrac{-\cos x}{(\sin x)^2}$　(2) $\dfrac{-\cos(1/x)}{x^2}$　(3) $\dfrac{2x}{3\sqrt[3]{(x^2+1)^2}}$

(4) $\dfrac{1}{\sin x}$　(5) $\dfrac{-1}{\sqrt{1-x^2}}$　(6) $\dfrac{-1}{1+x^2}$　(7) $\dfrac{1}{\sqrt{x^2+1}}$

(8) $(\sin x)^{\tan x}\left(\dfrac{\log \sin x}{(\cos x)^2}+1\right)$

(9) $(a^x+b^x)^{1/x}\left(-\dfrac{\log(a^x+b^x)}{x^2}+\dfrac{a^x\log a+b^x\log b}{x(a^x+b^x)}\right)$

問 2.3 例としては $f(x)=|x|$ を $x=0$ で考えればよい．

問 2.4 (1) $f(a)+af'(a)$ (2) $af'(a)-f(a)$ (3) $\dfrac{f(a)f'(a)}{a}$

問 2.5 (1) $\dfrac{(-1)^n 1\cdot 3\cdot 5\cdots(2n-1)}{2^n}(x+1)^{-(n+1/2)}$

(2) $(\cos x)^2 = \dfrac{\cos 2x+1}{2}$ から $2^{n-1}\cos\left(2x+\dfrac{n\pi}{2}\right)$

(3) $\dfrac{1}{x^2-x-2}=\dfrac{1}{3}\left(\dfrac{1}{x-2}-\dfrac{1}{x+1}\right)$ から $\dfrac{1}{3}\left(\dfrac{(-1)^n n!}{(x-2)^{n+1}}-\dfrac{(-1)^n n!}{(x+1)^{n+1}}\right)$

(4) $f'(x)=2x\log x+x$, $f''(x)=2\log x+3$,
$f^{(n)}(x)=\dfrac{(-1)^{n-1}2(n-3)!}{x^{n-2}}$ $(n\geq 3)$

(5) $f^{(n)}(x)=x^2 e^x+2nxe^x+n(n-1)e^x$ (6) $(\sqrt{2})^n e^x \sin\left(x+\dfrac{n\pi}{4}\right)$

(7) $(\sqrt{2})^n e^x \cos\left(x+\dfrac{n\pi}{4}\right)$

問 2.6 右辺の不等式を示す. $f(x)=x-x^3/3+x^5/5-\arctan x$ とおく. $f'(x)=1-x^2+x^4-1/(1+x^2)=x^6/(1+x^2)>0\,(x>0)$ と $f(0)=0$ から $f(x)>0\,(x>0)$ を得る. 左辺も同様である.

問 2.7 $f'(x)=(x\cos x-\sin x)/x^2=(\cos x-(\sin x/x))/x<0\,(0<x<\pi/2)$ である(定理 1.12 の証明を参照せよ).

問 2.8 (1) $0<x\leq t$ で $f^{(n-1)}(x)>g^{(n-1)}(x)$, よって $f^{(n-2)}(x)>g^{(n-2)}(x),\cdots$, とさかのぼって $f(x)>g(x)$ がいえる.

問 2.9 (1) 4 (2) $\dfrac{1}{3}$ (3) $-\dfrac{1}{3}$ (4) $-\dfrac{1}{2}$ (5) 0

(6) e^{bc} (7) $e^{-(1/2)}$ (8) $e^{-(1/6)}$ (9) $e^{-(1/2)}$

問 2.10 (1) $e^x=e^a e^{x-a}=e^a\left\{1+(x-a)+\dfrac{(x-a)^2}{2!}+\cdots+\dfrac{(x-a)^n}{n!}+\cdots\right\}$

(2) $\sin x=\sin(a+(x-a))=\sin a\cos(x-a)+\cos a\sin(x-a)$
$=\sin a\sum_{n=0}^{\infty}(-1)^n\dfrac{(x-a)^{2n}}{(2n)!}+\cos a\sum_{n=0}^{\infty}(-1)^n\dfrac{(x-a)^{2n+1}}{(2n+1)!}$

(3) (2)と同様.

(4) $\log x=\log(a+(x-a))=\log\left(1+\dfrac{x-a}{a}\right)+\log a$
$=\log a+\sum_{n=1}^{\infty}(-1)^{n-1}\dfrac{(x-a)^n}{na^n}$

問 2.11 (1) $x\sin x = \sum_{n=0}^{\infty}(-1)^n \dfrac{x^{2n+2}}{(2n+1)!}$

(2) $(\cos x)^2 = \dfrac{1}{2} + \dfrac{\cos 2x}{2} = 1 + \sum_{n=1}^{\infty}(-1)^n \dfrac{(2x)^{2n}}{2(2n)!}$

(3) $\dfrac{1}{2-3x+x^2} = \dfrac{1}{1-x} - \dfrac{1}{2(1-x/2)} = \sum_{n=0}^{\infty}\left(1 - \dfrac{1}{2^{n+1}}\right)x^n$

練習問題 2

2.1 $\left|\dfrac{f(x)-f(a)}{x-a}\right| \leqq \left|\dfrac{(x-a)^2}{x-a}\right| = |x-a| \to 0 \ (x\to a)$

からすべての a に対して $f'(a)=0$ である．よって $f(x)$ は定数である．

2.2 $g(x) = f(1/x)\ (0 < x \leqq 1)$ とおく．さらに $g(0) = \lim_{x\to 0} g(x) = g(1)$ とすれば $g(x)$ は $x=0$ で連続になる．ロールの定理から $g'(c) = -f'(1/c)/c^2 = 0$ となる $0 < c < 1$ が存在する．

2.3 $g(x) = f(x)e^{-kx}$ にロールの定理を用いよ．

2.4 $F(x) = f(x) - f(a) - f'(a)(x-a),\ G(x) = g(x) - g(a) - g'(a)(x-a)$ に区間 $[a,b]$ でコーシーの平均値の定理を2度用いる．

2.5 ロピタルの定理を2度用いる．答えは $f''(a)$ である．

2.7 (1) $f'(x) = 1/(x^2+1)$ から $(x^2+1)f'(x) = 1$ を得る．この両辺を n 回微分せよ．

2.8 (1) $f'(x) = 1/\sqrt{1-x^2},\ f''(x) = x/(1-x)^{3/2}$ から $(1-x^2)f''(x) = xf'(x)$ を得る．この両辺を n 回微分せよ．

2.9 e が有理数であったとし $e = q/p$ とおく．問題文の式を $n = p+1$ で用いると
$$e = \dfrac{q}{p} = 1 + \dfrac{1}{1!} + \dfrac{1}{2!} + \cdots + \dfrac{1}{p!} + \dfrac{e^c}{(p+1)!} \quad (0 < c < 1)$$
が成り立つ．両辺に $p!$ をかけると $e^c/(p+1)$ 以外は整数になるから，この $e^c/(p+1)$ も整数である．$1 < e^c < 3$ なので，これは $e^c = 2,\ p+1 = 1$ または $e^c = 2,\ p+1 = 2$ のときだけである．ところで $p \geqq 1$ から $p = 1$ となり，e は整数になる．これは $2 < e < 3$ に反する．

第3章

問 3.1 (1) 与式 $=\lim_{n\to\infty} \dfrac{1}{n}\sum_{k=1}^{n}\dfrac{1}{1+\dfrac{k}{n}} = \int_0^1 \dfrac{dx}{1+x} = [\log(1+x)]_0^1 = \log 2$

(2) 与式 $=\lim_{n\to\infty} \dfrac{\pi}{n}\sum_{k=1}^{n}\sin\dfrac{k\pi}{n} = \int_0^\pi \sin x\, dx = [-\cos x]_0^\pi = 2$

問 3.2 (1) $\displaystyle\int_1^4\left(x\sqrt{x}+\dfrac{2}{x}\right)dx = \int_1^4(x^{3/2}+2\cdot x^{-1})\,dx = \left[\dfrac{2}{5}x^{5/2}\right]_1^4 + 2[\log x]_1^4$

$$= \dfrac{62}{5} + 4\log 2$$

(2) $\displaystyle\int_0^{\pi/2}(\sin 2x + \cos 2x)\,dx = \dfrac{1}{2}\left\{\int_0^\pi \sin t\,dt + \int_0^\pi \cos t\,dt\right\}$

$$= \dfrac{1}{2}\{[-\cos t]_0^\pi + [\sin t]_0^\pi\} = \dfrac{1}{2}\times 2 = 1$$

(3) 部分積分法により

$$\int_1^e x\log x\,dx = \left[\dfrac{x^2}{2}\log x\right]_1^e - \dfrac{1}{2}\int_1^e x\,dx = \dfrac{e^2}{2} - \dfrac{1}{4}(e^2-1) = \dfrac{1}{4}(e^2+1)$$

(4) 部分積分法により

$$\int_0^1 x^2 e^{2x}\,dx = \left[\dfrac{x^2 e^{2x}}{2}\right]_0^1 - \int_0^1 xe^{2x}\,dx = \dfrac{e^2}{2} - \left\{\left[\dfrac{xe^{2x}}{2}\right]_0^1 - \dfrac{1}{2}\int_0^1 e^{2x}\,dx\right\}$$

$$= \dfrac{e^2}{2} - \dfrac{e^2}{2} + \dfrac{1}{4}(e^2-1) = \dfrac{1}{4}(e^2-1)$$

(5) $2x+1=t$ とおくと，$dx=dt/2$ だから

$$\int_0^1 (2x+1)^4\,dx = \dfrac{1}{2}\int_1^3 t^4\,dt = \dfrac{1}{2}\left[\dfrac{t^5}{5}\right]_1^3 = \dfrac{121}{5}$$

(6) $x=\sin t$ とおくと $dx=(\cos t)\,dt$ だから

$$\int_0^{1/2}\sqrt{1-x^2}\,dx = \int_0^{\pi/6}\cos^2 t\,dt = \dfrac{1}{2}\int_0^{\pi/6}(1+\cos 2t)\,dt$$

$$= \dfrac{1}{2}\times\dfrac{\pi}{6} + \dfrac{1}{4}[\sin 2t]_0^{\pi/6} = \dfrac{\pi}{12} + \dfrac{\sqrt{3}}{8}$$

(7) $\displaystyle\int_{-\pi}^\pi \cos^2 x\,dx = 2\int_0^\pi \dfrac{1+\cos 2x}{2}\,dx = \pi + \dfrac{1}{2}[\sin 2x]_0^\pi = \pi$

(8) xe^{x^2} は奇関数であるから $\displaystyle\int_{-1}^1 xe^{x^2}\,dx = 0$

問 3.3 (1) $\displaystyle\int\dfrac{dx}{x(x-1)} = \int\dfrac{dx}{x-1} - \int\dfrac{dx}{x} = \log|x-1| - \log|x| + C = \log\left|\dfrac{x-1}{x}\right|$

(2) 一般に，$\displaystyle\int\dfrac{f'(x)}{f(x)}dx = \log|f(x)|$ が成立する．$f(x)=x(x+1)$ とすると

$f'(x) = 2x+1$ で，$\dfrac{2x-1}{x(x+1)} = \dfrac{2x+1}{x(x+1)} - 2\left(\dfrac{1}{x} - \dfrac{1}{x+1}\right)$ だから

$$\int \dfrac{2x-1}{x(x+1)} dx = \log|x(x+1)| - 2\log|x| + 2\log|x+1| = \log\left|\dfrac{(x+1)^3}{x}\right|$$

(3) $\dfrac{1}{(x-1)(x^2+1)^2} = \dfrac{1}{4}\left\{\dfrac{1}{x-1} - \dfrac{x+1}{x^2+1} - \dfrac{2(x+1)}{(x^2+1)^2}\right\}$ であり，積分定数を省略すると

$$\int \dfrac{1}{x-1} dx = \log|x-1|,$$

$$\int \dfrac{x+1}{x^2+1} dx = \dfrac{1}{2}\int \dfrac{2x}{x^2+1} dx + \int \dfrac{1}{x^2+1} dx = \dfrac{1}{2}\log(x^2+1) + \arctan x,$$

$$2\int \dfrac{x+1}{(x^2+1)^2} dx = 2\int \dfrac{x}{(x^2+1)^2} dx + 2\int \dfrac{1}{(x^2+1)^2} dx$$

で

$$2\int \dfrac{x}{(x^2+1)^2} dx = \int \dfrac{1}{t^2} dt = -\dfrac{1}{t} \quad (t = x^2+1 \text{ とおいた})$$

$$= -\dfrac{1}{x^2+1}$$

$$2\int \dfrac{1}{(x^2+1)^2} dx = 2 \times \dfrac{1}{2}\left(\int \dfrac{1}{x^2+1} dx + \dfrac{x}{x^2+1}\right)$$

$$\left(\because \quad I_n = \int \dfrac{dx}{(x^2+a^2)^n} \quad (n \geq 1) \right.$$
$$\left. \text{の漸化式の公式を用いた}\right)$$

$$= \arctan x + \dfrac{x}{x^2+1}$$

よって，与式 $= \dfrac{1}{8}\log\dfrac{(x-1)^2}{x^2+1} - \dfrac{1}{2}\arctan x - \dfrac{x-1}{4(x^2+1)}$

(4) $\dfrac{x^4}{(x^2-1)^2} = 1 + \dfrac{2x^2-1}{(x^2-1)^2}$

$$= 1 + \dfrac{3}{4} \cdot \dfrac{1}{x-1} + \dfrac{1}{4} \cdot \dfrac{1}{(x-1)^2} - \dfrac{3}{4} \cdot \dfrac{1}{x+1} + \dfrac{1}{4} \cdot \dfrac{1}{(x+1)^2}$$

であり，積分定数を省略すると

$$\int \dfrac{1}{x-1} dx = \log|x-1|, \quad \int \dfrac{1}{(x-1)^2} dx = -\dfrac{1}{x-1},$$

$$\int \dfrac{1}{x+1} dx = \log|x+1|, \quad \int \dfrac{1}{(x+1)^2} dx = -\dfrac{1}{x+1} \text{ だから}$$

$$\int \dfrac{x^4}{(x^2-1)^2} dx = x + \dfrac{3}{4}\log|x-1| - \dfrac{1}{4} \cdot \dfrac{1}{x-1} - \dfrac{3}{4}\log|x+1| - \dfrac{1}{4} \cdot \dfrac{1}{x+1}$$

$$= x + \frac{3}{4}\log\left|\frac{x-1}{x+1}\right| - \frac{x}{2(x^2-1)}$$

問 3.4 (1) $\sin x = t$ とおくと $dx = dt/\cos x$ で，$\cos^2 x = 1 - t^2$ だから

$$\int \frac{\sin^2 x}{\cos^3 x}\, dx = \int \frac{t^2}{(1-t^2)^2}\, dt \ \text{で}$$

$$\frac{t^2}{(1-t^2)^2} = \frac{1}{4}\left\{\frac{1}{t-1} + \frac{1}{(t-1)^2} - \frac{1}{t+1} + \frac{1}{(t+1)^2}\right\} \ \text{だから}$$

$$\int \frac{\sin^2 x}{\cos^3 x}\, dx = \frac{1}{4}\left\{\log|t-1| - \frac{1}{t-1} - \log|t+1| - \frac{1}{t+1}\right\}$$

$$= \frac{1}{4}\left\{\frac{2t}{1-t^2} + \log\left|\frac{1-t}{1+t}\right|\right\}$$

$$= \frac{1}{4}\left\{\frac{2\sin x}{\cos^2 x} + \log\frac{1-\sin x}{1+\sin x}\right\}$$

(別解) $I(m, n) = \int \sin^m x \cos^n x\, dx$ の漸化式による公式を用いると，今の場合は $I(2, -3)$ であるから

$I(2, -3) = \dfrac{\sin x}{\cos^2 x} - I(0, -3)$，再び漸化式を用いて

$$I(0, -3) = \frac{1}{2}\left(\frac{\sin x}{\cos^2 x} + I(0, -1)\right) = \frac{1}{2}\frac{\sin x}{\cos^2 x} + \frac{1}{2}\log\left|\tan\left(\frac{x}{2} + \frac{\pi}{4}\right)\right|$$

であるから

$$I(2, -3) = \frac{1}{2}\frac{\sin x}{\cos^2 x} - \frac{1}{2}\log\left|\tan\left(\frac{x}{2} + \frac{\pi}{4}\right)\right|$$

を得る．

(注意) 2つの方法による答は見かけ上異なるかに見えるが

$$\left(\frac{1}{4}\log\frac{1-\sin x}{1+\sin x}\right)' = -\frac{1}{2\cos x} = \left(-\frac{1}{2}\log\left|\tan\left(\frac{x}{2} + \frac{\pi}{4}\right)\right|\right)'$$

より，定数だけの相異であることがわかる．

(2) $\tan\dfrac{x}{2} = t$ とおくと $\cos x = \dfrac{1-t^2}{1+t^2}$，$dx = \dfrac{2}{1+t^2}\, dt$ だから

$$\int \frac{1-2\cos x}{5-4\cos x}\, dx = \int \frac{1 - \dfrac{2(1-t^2)}{1+t^2}}{5 - \dfrac{4(1-t^2)}{1+t^2}} \cdot \frac{2}{1+t^2}\, dt$$

$$= \int \frac{-1+3t^2}{1+9t^2} \cdot \frac{2}{1+t^2}\, dt = \int\left(\frac{-3}{1+9t^2} + \frac{1}{1+t^2}\right) dt$$

$$= -\arctan 3t + \arctan t = -\arctan\left(3\tan\frac{x}{2}\right) + \frac{x}{2}$$

(3) $\displaystyle\int\frac{1}{\sin x}dx=\int\frac{dx}{2\sin\frac{x}{2}\cos\frac{x}{2}}=\int\frac{\sec^2\frac{x}{2}}{2\tan\frac{x}{2}}dx=\frac{1}{2}\int\frac{2\left(\tan\frac{x}{2}\right)'}{\tan\frac{x}{2}}dx$

$\displaystyle=\log\left|\tan\frac{x}{2}\right|$

(4) $\tan x=t$ とおくと $\cos 2x=\dfrac{1-t^2}{1+t^2}$, $dx=\dfrac{1}{1+t^2}dt$ だから

$\displaystyle\int\frac{1}{\cos^2 x-\sin^2 x}dx=\int\frac{1}{1-2\sin^2 x}dx=\int\frac{1}{1-(1-\cos 2x)}dx$

$\displaystyle=\int\frac{1+t^2}{1-t^2}\cdot\frac{1}{1+t^2}dt=\int\frac{1}{1-t^2}dt=\frac{1}{2}\int\left(\frac{1}{t+1}-\frac{1}{t-1}\right)dt$

$\displaystyle=\frac{1}{2}(\log|t+1|-\log|t-1|)+C=\frac{1}{2}\log\left|\frac{1+t}{1-t}\right|$

$\displaystyle=\frac{1}{2}\log\left|\frac{1+\tan x}{1-\tan x}\right|$

問 3.5 (1) $\sqrt{x+a}=t\,(>0)$ とおくと,$x=t^2-a$, $dx=2t\,dt$ だから

$\displaystyle\int x\sqrt{x+a}\,dx=\int(t^2-a)\,t\cdot 2t\,dt=2\int(t^4-at^2)\,dt$

$\displaystyle=2\cdot\frac{t^5}{5}-2a\frac{t^3}{3}+C=\frac{2}{5}\sqrt{(x+a)^5}-\frac{2}{3}a\sqrt{(x+a)^3}$

$\displaystyle=\frac{2}{15}\sqrt{(x+a)^3}\,(3x+3a-5a)\quad(\because\ x+a\geqq 0)$

$\displaystyle=\frac{2}{15}(x+a)\sqrt{x+a}\,(3x-2a)$

(2) $\sqrt{2-x-x^2}=\sqrt{(x+2)(1-x)}=(1-x)\sqrt{\dfrac{x+2}{1-x}}$, ここで $\sqrt{\dfrac{x+2}{1-x}}=t$ とおくと, $x=\dfrac{t^2-2}{t^2+1}$ だから

$\displaystyle\int\frac{x}{\sqrt{2-x-x^2}}dx=\int\frac{2(t^2-2)}{(t^2+1)^2}dt=2\left\{\int\frac{dt}{t^2+1}-\int\frac{3dt}{(t^2+1)^2}\right\}$

$\displaystyle=2\left\{\arctan t-\frac{3}{2}\arctan t-\frac{3}{2}\frac{t}{t^2+1}\right\}$

$\displaystyle=-\arctan\sqrt{\frac{x+2}{1-x}}-\sqrt{2-x-x^2}$

(別解) $\displaystyle\int\frac{x}{\sqrt{2-x-x^2}}dx=\int\frac{x+\frac{1}{2}-\frac{1}{2}}{\sqrt{\frac{9}{4}-\left(x+\frac{1}{2}\right)^2}}dx$

$$= \int \frac{x+\frac{1}{2}}{\sqrt{\frac{9}{4}-\left(x+\frac{1}{2}\right)^2}}dx - \frac{1}{2}\int \frac{dx}{\sqrt{\frac{9}{4}-\left(x+\frac{1}{2}\right)^2}}$$

$$= -\sqrt{\frac{9}{4}-\left(x+\frac{1}{2}\right)^2} - \frac{1}{2}\arcsin\frac{x+\frac{1}{9}}{\sqrt{\frac{9}{4}}}$$

$$= -\sqrt{2-x-x^2} - \frac{1}{2}\arcsin\frac{2x+1}{3}$$

(注意) $\left(-\arctan\sqrt{\frac{x+2}{1-x}}\right)' = -\frac{1}{2}\frac{1}{\sqrt{(1+x)(2+x)}} = \left(-\frac{1}{2}\arcsin\frac{2x+1}{3}\right)'$

また，$\sqrt{\frac{1-x}{x+2}}=t$ とおくと，結果は $\arctan\sqrt{\frac{1-x}{x+2}}-\sqrt{2-x-x^2}$ となるが，上記の結果との差は字数だけであることが，同様の計算からわかる．

(3) $\sqrt{x^2+1}=t-x$ とおくと $x=\frac{t^2-1}{2t}$, $dx=\frac{2(t^2+1)}{4t^2}dt$ だから

$$\int \frac{1}{x\sqrt{x^2+1}}dx = \int \frac{2t}{(t^2-1)}\cdot\frac{1}{t-\frac{t^2-1}{2t}}\cdot\frac{2(t^2+1)}{4t^2}dt$$

$$= 2\int \frac{1}{t^2-1}dt = \int\left(\frac{1}{t-1}-\frac{1}{t+1}\right)dt = \log\left|\frac{t-1}{t+1}\right|$$

ここで

$$\frac{t-1}{t+1} = \frac{(\sqrt{x^2+1}+x-1)(\sqrt{x^2+1}-x-1)}{x^2+1-(x+1)^2} = \frac{-2(\sqrt{x^2+1}-1)}{-2x}$$

$$= \frac{\sqrt{x^2+1}-1}{x} \quad \text{だから}$$

$$\int \frac{1}{x\sqrt{x^2+1}}dx = \log\frac{\sqrt{x^2+1}-1}{|x|}$$

(4) $\int x^\alpha(ax^\beta+b)^{m/n}dx$ で，$\alpha=4$, $\beta=4$, $m=-1$, $n=4$ だから

$\frac{\alpha+1}{\beta}+\frac{m}{n}=\frac{4+1}{4}-\frac{1}{4}=1$ （整数）の場合であるから

$\left(1+2\cdot\frac{1}{x^4}\right)^{1/4}=t$ とおくと（本文の「無理関数の積分」の項の注意を参照）

$$x^4=\frac{2}{t^4-1}, \quad x^3dx=\frac{-2t^3}{(t^4-1)^2}dt$$

ゆえに

$$\int x^4(x^4+2)^{-(1/4)}dx = \int \frac{-2t^2}{(t^4-1)^2}dt = \frac{1}{2}\int \left(\frac{1}{(t^2+1)^2} - \frac{1}{(t^2-1)^2}\right)dt$$

$$= \frac{1}{2}\int \left\{\frac{1}{(t^2+1)^2} - \frac{1}{4}\left(\frac{1}{(t+1)^2} + \frac{1}{t+1} + \frac{1}{(t-1)^2} - \frac{1}{t-1}\right)\right\}dt$$

$$= \frac{1}{8}\left\{\frac{2t}{t^2+1} + 2\arctan t + \frac{1}{t+1} - \log|t+1| + \frac{1}{t-1} + \log|t-1|\right\}$$

$$= \frac{1}{8}\left\{\frac{4t^3}{t^4-1} + 2\arctan t + \log\left|\frac{t-1}{t+1}\right|\right\}$$

$$= \frac{1}{4}x(x^4+2)^{3/4} + \frac{1}{4}\arctan\frac{(x^4+2)^{1/4}}{x} + \frac{1}{8}\log\frac{(x^4+2)^{1/4}-x}{(x^4+2)^{1/4}+x}$$

問 3.6 (1) 特異点は $x=0$ だけであるから，$\varepsilon>0$ を十分小さくとって
$$\int_\varepsilon^1 \log x\, dx = [x\log x - x]_\varepsilon^1 = -1 - \varepsilon\log\varepsilon + \varepsilon, \quad \lim_{\varepsilon\to +0}\varepsilon\log\varepsilon = 0$$
ゆえに $\displaystyle\lim_{\varepsilon\to +0}\int_\varepsilon^1 \log x\, dx = -1$ ∴ $\displaystyle\int_0^1 \log x\, dx = -1$

(2) 特異点は $x=0$，$x=2$ の2つであるから，$\varepsilon>0$，$\delta>0$ を十分小さくとって
$$\int_\varepsilon^{2-\delta}\frac{dx}{\sqrt{x(2-x)}} = \int_\varepsilon^{2-\delta}\frac{dx}{\sqrt{1-(x-1)^2}} = [\arcsin(x-1)]_\varepsilon^{2-\delta}$$

$$= \arcsin(1-\delta) - \arcsin(\varepsilon-1) \to \pi \ (\varepsilon\to 0, \delta\to 0)$$

$$\therefore \int_0^2 \frac{dx}{\sqrt{x(2-x)}} = \pi$$

(3) T を十分大きくとるとき
$$\int_0^T \frac{dx}{(1+x^2)^2} = \frac{1}{2}\left[\frac{x}{1+x^2} + \arctan x\right]_0^T$$

$$= \frac{1}{2}\left(\frac{T}{1+T^2} + \arctan T\right) \to \frac{\pi}{4} \ (T\to\infty)$$

$$\therefore \int_0^\infty \frac{dx}{(1+x^2)^2} = \frac{\pi}{4}$$

(4) T を十分大きくとるとき
$$\int_1^T \frac{dx}{\sqrt{x}} = [2\sqrt{x}]_1^T = 2\sqrt{T} - 2 \to \infty \quad (T\to\infty)$$

ゆえに，$\displaystyle\int_1^\infty \frac{dx}{\sqrt{x}}$ は発散する．

問 3.7 まず
$$B(p,q) = \int_0^{1/2} x^{p-1}(1-x)^{q-1}dx + \int_{1/2}^1 x^{p-1}(1-x)^{q-1}dx$$

と2つの積分にわけて考える．$0<p<1$ のとき，第1の積分は $x=0$ が特異点である．$[0, 1/2]$ で，$(1-x)^{q-1} \leq \max(1, (1/2)^{q-1})$ であるから $\displaystyle\int_0^{1/2} x^{p-1}dx$ の

収束から第 1 の積分は収束する．

$0<q<1$ のとき，第 2 の積分は $x=1$ が特異点になるが $\int_{1/2}^{1}(1-x)^{q-1}dx$ の収束から第 1 の場合と同様に第 2 の積分も収束する．

(1) $x=1-t$ と変換すれば明らかである．

(2) 部分積分法により
$$B(p+1,q)=\left[-\frac{(1-x)^q}{q}x^p\right]_0^1+\frac{p}{q}\int_0^1 x^{p-1}(1-x)^q dx=\frac{p}{q}B(p,q+1)$$

(3) m,n を自然数とすると，(2) を用いて
$$B(m,n)=\frac{m-1}{n}B(m-1,n+1)=\frac{m-1}{n}\frac{m-2}{n+1}B(m-2,n+2)$$
$$=\frac{m-1}{n}\frac{m-2}{n+1}\cdots\frac{1}{n+m-2}B(1,m+n-1)$$
$$=\frac{(m-1)!(n-1)!}{(n+m-2)!}\int_0^1 x^{m+n-2}dx=\frac{(m-1)!(n-1)!}{(m+n-1)!}$$

(4) $x=\sin^2 t$ とおけばよい．

(5) (4) を用いて $B\left(\dfrac{1}{2},\dfrac{1}{2}\right)=2\int_0^{\pi/2}dt=\pi$

次に
$$\Gamma(p)=\int_0^1 x^{p-1}e^{-x}dx+\int_1^\infty x^{p-1}e^{-x}dx$$

と 2 つの積分に分けて考える．$0<p<1$ のときだけ第 1 の積分は広義積分になるが，$x^{p-1}e^{-x}\leqq 1/x^{1-p}$ より収束するのは明らかである．また $\lim_{x\to\infty}x^2 x^{p-1}e^{-x}=0$ であるから，十分大きな x について $x^{p-1}e^{-x}\leqq 1/x^2$ が成立する．これから第 2 の積分も収束する．

(6) 部分積分法により
$$\Gamma(p+1)=\int_0^\infty x^p e^{-x}dx=[-e^{-x}x^p]_0^\infty+p\int_0^\infty x^{p-1}e^{-x}dx=p\Gamma(p)$$

(7) $\Gamma(1)=\int_0^\infty e^{-x}dx=[-e^{-x}]_0^\infty=1$

(8) (6) より $\Gamma(n)=(n-1)\Gamma(n-1)=(n-1)!\Gamma(1)=(n-1)!$

(9) (8) と (3) から明らかである．

問 3.8 $y_i=\dfrac{1}{x_i}$, $x_i=1+\dfrac{3}{10}i\,(i=0,1,\cdots,10)$ として，下表を得る（小数第 6 位未満は四捨五入）．

x_i	1	1.3	1.6	1.9	2.2	2.5
y_i	1.000000	0.769231	0.625000	0.526316	0.454546	0.400000
x_i	2.8	3.1	3.4	3.7	4	
y_i	0.357143	0.322581	0.294118	0.270270	2.250000	

また

$$\left(\frac{1}{x}\right)' = -\frac{1}{x^2}, \quad \left(\frac{1}{x}\right)'' = \frac{2}{x^3}, \quad \left(\frac{1}{x}\right)^{(3)} = -\frac{6}{x^4}, \quad \left(\frac{1}{x}\right)^{(4)} = \frac{24}{x^5}$$

$$\max_{x \in [1,4]} \left|\left(\frac{1}{x}\right)''\right| = 2, \quad \max_{x \in [1,4]} \left|\left(\frac{1}{x}\right)^{(4)}\right| = 24$$

である.

(1) 台形公式によると

$$\int_1^4 \frac{1}{x} dx \fallingdotseq \frac{1}{2} \times 0.3 \times (1 + 0.25 + 4.019205 \times 2) = 1.3932615$$

で, 誤差の限界は $\dfrac{2}{12} \cdot \dfrac{(4-1)^2}{10^2} = 0.045$

(2) シンプソンの公式によると

$$\int_1^4 \frac{1}{x} dx \fallingdotseq \frac{1}{3} \cdot 0.3 \cdot (1 + 2.288398 \times 4 + 1.730807 \times 2 + 0.25) = 1.386521$$

で, 誤差の限界は $\dfrac{24}{2880} \times \dfrac{(4-1)^5}{5^4} = \dfrac{5832}{1800000} \fallingdotseq 0.00324$

(注意) 直接計算して $\int_1^4 \dfrac{1}{x} dx = 2\log 2 = 1.3862942\cdots$ はわかっている. いずれの場合も, 誤差は限界以内であることが確認される.

問 3.9 (1) アステロイド (Asteroid) はパラメータを用いて

$$x = a\cos^3 t, \quad y = a\sin^3 t \, (0 \leq t \leq 2\pi)$$

と表せる. 第 1 象限の面積を 4 倍したものが求める面積 S_1 である.

$$S_1 = 4\int_0^a y \, dx = 4\int_{\pi/2}^0 y \frac{dx}{dt} dt$$

$$= 12a^2 \int_0^{\pi/2} \sin^4 t \cos^2 t \, dt$$

$$= 12a^2 \frac{3!!}{6!!} \frac{\pi}{2}$$

$$= 12a^2 \frac{3}{6 \cdot 4 \cdot 2} \cdot \frac{\pi}{2} = \frac{3}{8} \pi a^2$$

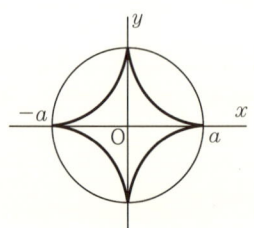

Asteroid $x^{2/3} + y^{2/3} = a^{2/3}$
$x = a\cos^3 t$
$y = a\sin^3 t$

図 3.15

$$= 4\int_0^{\pi/2} \sqrt{\left(\frac{dx}{dt}\right)^2 + \left(\frac{dy}{dt}\right)^2}\, dt$$

$$= 12a\int_0^{\pi/2} \sqrt{\cos^4 t \sin^2 t + \sin^4 t \cos^2 t}\, dt$$

(2) $x = a\cos^3 t,\ y = a\sin^3 t$ と表せるから

$$V = 2\pi\int_0^a y^2\, dx = 2\pi\int_{\pi/2}^0 y^2 \frac{dx}{dt}\, dt = 6\pi a^3 \int_0^{\pi/2} \sin^7 t \cos^2 t\, dt$$

$$= 6\pi a^3 \frac{6\,!!}{9\,!!} = 6 \cdot \frac{6\cdot 4\cdot 2}{9\cdot 7\cdot 5\cdot 3}\pi a^3 = \frac{32}{105}\pi a^3$$

$$S_2 = 2\cdot 2\pi \int_0^a y\sqrt{1+\left(\frac{dy}{dx}\right)^2}\,dx = 4\pi\int_0^{\pi/2} y\sqrt{\left(\frac{dx}{dt}\right)^2+\left(\frac{dy}{dt}\right)^2}\,dt$$

$$= 12\pi a^2 \int_0^{\pi/2} \sin^4 t \cos t\, dt$$

$$= 12\pi a^2 \left[\frac{\sin^5 t}{5}\right]_0^{\pi/2} = \frac{12}{5}\pi a^2$$

練習問題 3

3.1 (1) $\dfrac{1}{\sqrt{n^2+k^2}} = \dfrac{1}{\sqrt{1+\left(\dfrac{k}{n}\right)^2}}\cdot\dfrac{1}{n}$ だから

$$\lim_{n\to\infty}\sum_{k=1}^n \frac{1}{\sqrt{n^2+(n-k)^2}} = \lim_{n\to\infty}\frac{1}{n}\sum_{k=1}^n \frac{1}{\sqrt{1+\left(1-\dfrac{k}{n}\right)^2}} = \int_0^1 \frac{1}{\sqrt{1+(1-x)^2}}\,dx$$

$$= \int_0^1 \frac{1}{\sqrt{1+x^2}}\,dx = [\log|x+\sqrt{x^2+1}\,|]_0^1 = \log(1+\sqrt{2})$$

(2) $\dfrac{1}{n}\{(n+1)(n+2)\cdots(n+n)\}^{1/n} = L_n$ とおくと

$$\log L_n = \frac{1}{n}\sum_{k=1}^n \log\left(1+\frac{k}{n}\right) \text{ だから}, \quad \lim_{n\to\infty}\log L_n = \int_0^1 \log(1+x)\,dx$$

$$= [(1+x)\log(1+x) - (x+1)]_0^1 = 2\log 2 - 1$$

3.2 (1) $\displaystyle\int_0^1 \cosh t\, dt = \frac{1}{2}\int_0^1 (e^t + e^{-t})\, dt = \frac{1}{2}[e^t - e^{-t}]_0^1$

$$= \frac{1}{2}\left(e - 1 + 1 - \frac{1}{e}\right) = \frac{e^2-1}{2e}$$

(2) $\displaystyle\int_0^\pi |\cos x|\, dx = \int_0^{\pi/2}\cos x\, dx - \int_{\pi/2}^\pi \cos x\, dx = [\sin x]_0^{\pi/2} - [\sin x]_{\pi/2}^\pi$

$$= 1 + 1 = 2$$

(3) $(x^2+x+1)' = 2x+1$ だから $\displaystyle\int_0^1 \frac{2x+1}{x^2+x+1}\,dx = [\log(x^2+x+1)]_0^1 = \log 3$

(4) $\int_0^\pi x\sin^2 x\,dx = \dfrac{1}{2}\int_0^\pi (x - x\cos 2x)\,dx$ で

$\int_0^\pi x\cos 2x\,dx = \dfrac{1}{2}[x\sin 2x]_0^\pi - \dfrac{1}{2}\int_0^\pi \sin 2x\,dx = \dfrac{1}{4}[\cos 2x]_0^\pi = 0$

だから $\int_0^\pi x\sin^2 x\,dx = \left[\dfrac{x^2}{4}\right]_0^\pi = \dfrac{\pi^2}{4}$

(5) $\dfrac{1}{\sqrt{x+2}+\sqrt{x}} = \dfrac{\sqrt{x+2}-\sqrt{x}}{(\sqrt{x+2}+\sqrt{x})(\sqrt{x+2}-\sqrt{x})} = \dfrac{1}{2}(\sqrt{x+2}-\sqrt{x})$ だから

$\int_0^2 \dfrac{1}{\sqrt{x+2}+\sqrt{x}}\,dx = \dfrac{1}{2}\int_0^2 (\sqrt{x+2}-\sqrt{x})\,dx = \dfrac{1}{2}\times\dfrac{2}{3}\left[(x+2)^{3/2}-x^{3/2}\right]_0^2$

$= \dfrac{4}{3}(2-\sqrt{2})$

(6) $\sqrt{x}\log x = \left(\dfrac{2}{3}\sqrt{x^3}\right)'\log x$ と変形して，部分積分法により

$\int_1^e \sqrt{x}\log x\,dx = \left[\dfrac{2}{3}\sqrt{x^3}\log x\right]_1^e - \dfrac{2}{3}\int_1^e \sqrt{x}\,dx = \dfrac{2}{3}e^{3/2} - \dfrac{4}{9}[x^{3/2}]_1^e$

$= \dfrac{2}{9}(e\sqrt{e}+2)$

3.3 (1) $\displaystyle\int \dfrac{x^3+1}{x(x-1)^3}\,dx = \int\left(-\dfrac{1}{x}+\dfrac{2}{x-1}+\dfrac{1}{(x-1)^2}+\dfrac{2}{(x-1)^3}\right)dx$

$= -\log|x| + 2\log|x-1| - \dfrac{1}{x-1} - \dfrac{1}{(x-1)^2}$

$= \log\dfrac{(x-1)^2}{|x|} - \dfrac{1}{x-1} - \dfrac{1}{(x-1)^2}$

(2) $\displaystyle\int \dfrac{1}{x^3+1}\,dx = \int\left(\dfrac{1}{3(x+1)} - \dfrac{2x-1}{6(x^2-x+1)} + \dfrac{1}{2(x^2-x+1)}\right)dx$

$= \dfrac{1}{3}\log|x+1| - \dfrac{1}{6}\log(x^2-x+1) + \dfrac{1}{\sqrt{3}}\arctan\dfrac{2x-1}{\sqrt{3}}$

$= \dfrac{1}{6}\log\dfrac{(x+1)^2}{x^2-x+1} + \dfrac{1}{\sqrt{3}}\arctan\dfrac{2x-1}{\sqrt{3}}$

(3) $\dfrac{1}{(x-1)^2(x^2+1)^3} = \dfrac{A(x-1)+B}{(x-1)^2} + \dfrac{P(x)}{(x^2+1)^3}$ とおく．

$\{A(x-1)+B\}(x^2+1)^3 + (x-1)^2 P(x) = 1$ であるから，$x=1$ とおいて $B=1/8$. 上の式の両辺を x で微分して $x=1$ とおくことにより，$A=-(3/8)$.

$\therefore\ P(x) = \dfrac{1}{(x-1)^2}\left\{1 + \dfrac{3(x-1)-1}{8}(x^2+1)^3\right\}$

$$= \frac{1}{8} \{ (3x+2)(x^2+1)^2 + 2(2x+1)(x^2+1) + 4x \}$$

$$\therefore \int \frac{dx}{(x-1)^2(x^2+1)^3} = -\frac{3}{8}\int \frac{dx}{x-1} + \frac{1}{8}\int \frac{dx}{(x-1)^2} + \frac{1}{8}\int \frac{3x+2}{x^2+1}dx$$

$$+ \frac{2}{8}\int \frac{2x+1}{(x^2+1)^2}dx + \frac{4}{8}\int \frac{x}{(x^2+1)^3}dx$$

$$= -\frac{3}{8}\log|x-1| - \frac{1}{8(x-1)} + \frac{3}{16}\log(x^2+1)$$

$$+ \frac{2}{8}\arctan x - \frac{2}{8(x^2+1)} + \frac{x}{8(x^2+1)}$$

$$+ \frac{1}{8}\arctan x - \frac{1}{8(x^2+1)^2}$$

$$= \frac{3}{16}\log\frac{x^2+1}{(x-1)^2} + \frac{3}{8}\arctan x - \frac{3x^3-x^2+4x-2}{8(x-1)(x^2+1)^2}$$

(4) $\displaystyle \int \frac{x}{(2x+1)(3x^2+1)}dx = -\frac{2}{7}\int \frac{dx}{2x+1} + \frac{1}{7}\int \frac{3x+2}{3x^2+1}dx$

$$= -\frac{1}{7}\log|2x+1| + \frac{1}{14}\log(3x^2+1)$$

$$+ \frac{2\sqrt{3}}{21}\arctan\sqrt{3}\,x$$

(5) $t = \sqrt[3]{x-8}$ とおく. $x = t^3+8$, $dx = 3t^2 dt$ である.

$$\int \frac{x+1}{x^3\sqrt{x-8}}dx = \int \frac{3t(t^3+9)}{(t^3+8)}dt = 3\int t\,dt + 3\int \frac{t}{t^3+8}dt$$

$$= 3\int t\,dt - \frac{1}{2}\int \frac{dt}{t+2} + \frac{1}{2}\int \frac{t+2}{(t-1)^2+3}dt$$

$$= \frac{3}{2}t^2 - \frac{1}{2}\log|t+2| + \frac{1}{4}\log(t^2-2t+4) + \frac{\sqrt{3}}{2}\arctan\frac{t-1}{\sqrt{3}}$$

$$= \frac{3}{2}\sqrt{(x-8)^2} + \frac{1}{4}\log\frac{|x|}{|\sqrt[3]{x-8}+2|^3} + \frac{\sqrt{3}}{2}\arctan\frac{\sqrt[3]{x-8}-1}{\sqrt{3}}$$

(6) $t = \sqrt[6]{x+1}$ とおく. $x = t^6-1$, $dx = 6t^5 dt$ によって

$$\int \frac{1}{\sqrt[3]{x+1}-\sqrt{x+1}}dx = \int \frac{6t^5}{t^2-t^3}dt = -6\int (t^2+t+1)dt + 6\int \frac{dt}{1-t}$$

$$= -2t^3 - 3t^2 - 6t - 6\log|t-1|$$

$$= -2\sqrt{x+1} - 3\sqrt[3]{x+1} - 6\sqrt[6]{x+1} - 6\log|\sqrt[6]{x+1}-1|$$

(7) $t = \sqrt{\dfrac{3x+1}{x-1}}$ とおくと $x = \dfrac{t^2+1}{t^2-3}$, $dx = -\dfrac{8t}{(t^2-3)^2}dt$ であるから

$$\int \frac{1}{x^2}\sqrt{\frac{3x+1}{x-1}}dx = \int \frac{(t^2-3)^2}{(t^2+1)^2} \cdot \frac{(-8t^2)}{(t^2-3)^2}dt = -8\int \frac{t^2}{(t^2+1)^2}dt$$

$$= -8\int\frac{dt}{t^2+1} + 8\int\frac{dt}{(t^2+1)^2}$$

$$= -8\arctan t + 4\left(\frac{t}{t^2+1} + \arctan t\right)$$

$$= \left(\frac{x-1}{x}\right)\sqrt{\frac{3x+1}{x-1}} - 4\arctan\sqrt{\frac{3x+1}{x-1}}$$

(8) $t = x + \frac{1}{x}$ とおくと $dt = \frac{x^2-1}{x^2}dx$ であるから,求める積分 I は

$$I = \int\frac{1}{\left(x+\frac{1}{x}\right)\frac{\sqrt{x^2}}{x}\sqrt{\left(x+\frac{1}{x}\right)^2-1}}\cdot\frac{1-x^2}{x^2}dx$$

$$= \mp\int\frac{dt}{t\sqrt{t^2-1}} = -\int\frac{dt}{t^2\sqrt{1-t^{-2}}}$$

ここで,$u = \frac{1}{t} = \frac{x}{1+x^2}$ とおくと

$$I = \int\frac{du}{\sqrt{1-u^2}} = \arcsin\frac{x}{1+x^2}$$

3.4 (1) $a\sin x + b\cos x = \sqrt{a^2+b^2}\sin(x+\alpha)$, $\tan\alpha = b/a$ であるから,$t = \tan(x+\alpha)/2$ と変換する.

$$\int\frac{dx}{a\sin x + b\cos x} = \frac{1}{\sqrt{a^2+b^2}}\int\frac{dx}{\sin(x+\alpha)} = \frac{1}{\sqrt{a^2+b^2}}\int\frac{dt}{t}$$

$$= \frac{1}{\sqrt{a^2+b^2}}\log\left|\tan\frac{x+\alpha}{2}\right|\left(ただし,\alpha = \arctan\frac{b}{a}\right)$$

(2) $\int\frac{1-\tan x}{1+\tan x}dx = \int\frac{(\cos x + \sin x)'}{\cos x + \sin x}dx = \log|\cos x + \sin x|$

(3) $\int x\arctan x\, dx = \frac{x^2}{2}\arctan x - \int\frac{x^2}{2(1+x^2)}dx$

$$= \frac{x^2}{2}\arctan x + \frac{1}{2}\left(\int\frac{dx}{1+x^2} - \int dx\right)$$

$$= \frac{x^2+1}{2}\arctan x - \frac{x}{2}$$

(4) $t = \tan(x/2)$ とおく.

$$\int\frac{\sin x}{1+\sin x}dx = 4\int\frac{t}{(1+t^2)(1+t)^2}dt = 2\int\left(\frac{1}{1+t^2} - \frac{1}{(1+t)^2}\right)dt$$

$$= 2\left(\arctan t + \frac{1}{1+t}\right) = x + \frac{2}{1+\tan\frac{x}{2}}$$

(5) $e^x = t$ とおくと,$dt/dx = e^x$ だから

$$I = \int \frac{e^x - e^{-x}}{e^x + e^{-x}} dx = \int \frac{t - \dfrac{1}{t}}{t + \dfrac{1}{t}} \cdot \frac{1}{t} dt = \int \frac{t^2 - 1}{t^2 + 1} \cdot \frac{1}{t} dt$$

$$= \int \left(1 - \frac{2}{t^2+1}\right) \frac{1}{t} dt = \int \left(\frac{1}{t} - \frac{2}{t(t^2+1)}\right) dt$$

ここで $\dfrac{1}{t(t^2+1)} = \dfrac{A}{t} + \dfrac{Bt+C}{t^2+1}$ （A, B, C は定数）

とおくと, $A=1$, $B=-1$, $C=0$. よって

$$\frac{1}{t(t^2+1)} = \frac{1}{t} - \frac{t}{t^2+1}$$

$$\therefore\quad I = \int \left(\frac{1}{t} - \frac{2}{t} + \frac{2t}{t^2+1}\right) dt = \int \left(-\frac{1}{t} + \frac{(t^2+1)'}{t^2+1}\right) dt$$

$$= -\log t + \log(t^2+1) = \log\left(t + \frac{1}{t}\right) = \log(e^x + e^{-x})$$

3.5 (1) 与式を $I_{m,n}$ とおくと, 部分積分法により

$$I_{m,n} = \left[\frac{x^{m+1}}{m+1}(1-x)^n\right]_0^1 + \frac{n}{m+1}\int_0^1 x^{m+1}(1-x)^{n-1} dx = \frac{n}{m+1} I_{m+1,n-1}$$

これをくり返して

$$= \frac{n}{m+1} \cdot \frac{n-1}{m+2} I_{m+2,n-2} = \cdots = \frac{n(n-1)\cdots 1}{(m+1)(m+2)\cdots(m+n)} I_{m+n,0}$$

$$= \frac{n!\, m!}{(m+n)!} \int_0^1 x^{m+n} dx = \frac{n!\, m!}{(m+n)!} \left[\frac{x^{m+n+1}}{m+n+1}\right]_0^1$$

$$= \frac{m!\, n!}{(n+m+1)!}$$

(2) $I = \displaystyle\int_0^{\pi/2} \frac{\sin^r x}{\cos^r x + \sin^r x} dx$, $J = \displaystyle\int_0^{\pi/2} \frac{\cos^r x}{\cos^r x + \sin^r x} dx$ とおくと

$I + J = \displaystyle\int_0^{\pi/2} dx = \frac{\pi}{2}$, また, $x = \dfrac{\pi}{2} - t$ と変換すると

$dx = -dt$, $\sin\left(\dfrac{\pi}{2} - t\right) = \cos t$, $\cos\left(\dfrac{\pi}{2} - t\right) = \sin t$ だから

$$I = -\int_{\pi/2}^0 \frac{\cos^r t}{\sin^r t + \cos^r t} dt = \int_0^{\pi/2} \frac{\cos^r x}{\cos^r t + \sin^r t} dt = J$$

$$\therefore\quad I = \frac{\pi}{4} (=J)$$

(3) $x \sin\theta$ とおくと $dx = (\cos\theta) d\theta$ であるから

$$\int_{-(1/2)}^{1/2} \frac{dx}{\sqrt{1-x^2}} = \int_{-(\pi/6)}^{\pi/6} \frac{1}{\sqrt{1-\sin^2\theta}} \cdot \cos\theta\, d\theta = \int_{-(\pi/6)}^{\pi/6} d\theta = \frac{\pi}{3}$$

(4) $x = a\sin\theta$ とおくと $dx = a(\cos\theta) d\theta$ であるから

$$\int_0^a x^2\sqrt{a^2-x^2}\,dx = \int_0^{\pi/2} a^2\sin^2\theta\sqrt{a^2-a^2\sin^2\theta}\cdot a\cos\theta\,d\theta$$

$$= a^4\int_0^{\pi/2}\sin^2\theta\cos^2\theta\,d\theta = a^4\cdot\frac{1}{4}\int_0^{\pi/2}\sin^2 2\theta\,d\theta$$

$$= \frac{a^4}{8}\int_0^{\pi/2}(1-\cos 4\theta)\,d\theta = \frac{a^4}{8}\left[\theta-\frac{1}{4}\sin 4\theta\right]_0^{\pi/2} = \frac{a^4}{8}\cdot\frac{\pi}{2} = \frac{\pi}{16}a^4$$

3.6 (1) 部分積分法により

$$\int_0^{\pi/2}\sin^4 x\,dx = \int_0^{\pi/2}(\sin^3 x)\sin x\,dx = -[\cos x\sin^3 x]_0^{\pi/2} + 3\int_0^{\pi/2}\cos^2 x\sin^2 x\,dx$$

$$= 3\int_0^{\pi/2}(1-\sin^2 x)\sin^2 x\,dx = 3\int_0^{\pi/2}\sin^2 x\,dx - 3\int_0^{\pi/2}\sin^4 x\,dx$$

$$\therefore\quad 4\int_0^{\pi/2}\sin^4 x\,dx = 3\int_0^{\pi/2}\sin^2 x\,dx$$

$$\therefore\quad \int_0^{\pi/2}\sin^4 x\,dx = \frac{3}{4}\int_0^{\pi/2}\sin^2 x\,dx$$

(2) 部分積分法により

$$\int_0^1 x^3(1-x)^4\,dx = \frac{1}{4}\left[x^4(1-x)^4\right]_0^1 + \int_0^1 x^4(1-x)^3\,dx = \int_0^1 x^4(1-x)^3\,dx$$

3.7 (1) 求める値を I とする．$x=\pi-t$ として

$$I = -\int_\pi^0\frac{(\pi-t)\sin t}{1+\cos^2 t}\,dt = \pi\int_0^\pi\frac{\sin t}{1+\cos^2 t}\,dt - \int_0^\pi\frac{t\sin t}{1+\cos^2 t}\,dt$$

$$= -\pi[\arctan(\cos t)]_0^\pi - I$$

$$\therefore\quad I = \left(-\frac{\pi}{2}\right)\left(-\frac{\pi}{2}\right) = \frac{\pi^2}{4}$$

(2) $\int_0^{\pi/4}\log(1+\tan\theta)\,d\theta$

$$= \int_0^{\pi/4}\log\left(\frac{\cos\theta+\sin\theta}{\cos\theta}\right)d\theta = \int_0^{\pi/4}\log\frac{\sqrt{2}\sin(\theta+\pi/4)}{\cos\theta}\,d\theta$$

$$= \int_0^{\pi/4}\log\sqrt{2}\,d\theta + \int_0^{\pi/4}\log\sin\left(\theta+\frac{\pi}{4}\right)d\theta - \int_0^{\pi/4}\log\cos\theta\,d\theta$$

ここで

$$\int_0^{\pi/4}\log\sin\left(\theta+\frac{\pi}{4}\right)d\theta = \int_0^{\pi/4}\log\cos t\,dt \quad \left(t=\frac{\pi}{4}-\theta\right)$$

したがって

$$\int_0^{\pi/4}\log(1+\tan\theta)\,d\theta = \frac{\pi}{4}\log\sqrt{2} = \frac{\pi}{8}\log 2$$

3.8 (1) $t=\sqrt{\dfrac{x}{1-x}}$ とおく．$x=\dfrac{t^2}{1+t^2}$, $dx=\dfrac{2t}{(1+t^2)^2}\,dt$ によって

$$\int \sqrt{\frac{x}{1-x}}\, dx = \int \frac{2t^2}{(1+t^2)^2}\, dt = 2\int \frac{dt}{1+t^2} - 2\int \frac{dt}{(1+t^2)^2} = \arctan t - \frac{t}{1+t^2}$$

$x=0$ のとき，$t=0$ であり，$x \to 1$ とすると $t \to \infty$ であるから

$$\int_0^1 \sqrt{\frac{x}{1-x}}\, dx = \lim_{T\to\infty}\left[\arctan t - \frac{t}{1+t^2}\right]_0^T = \lim_{T\to\infty}\left(\arctan T - \frac{T}{1+T^2}\right) = \frac{\pi}{2}$$

上記のように極限値が容易にわかるときは，次のように解答してもよい．

$$\int_0^1 \sqrt{\frac{x}{1-x}}\, dx = \int_0^\infty \frac{2t^2}{(1+t^2)^2}\, dt = \left[\arctan t - \frac{t}{1+t^2}\right]_0^\infty = \frac{\pi}{2}$$

(2) $\displaystyle \int \frac{1}{x(1+x)}\, dx = \int \frac{1}{x}\, dx - \int \frac{1}{x+1}\, dx = \log\left|\frac{x}{x+1}\right|$ より

$$\int_1^\infty \frac{1}{x(1+x)}\, dx = \left[\log\left|\frac{x}{x+1}\right|\right]_1^\infty = \log 1 - \log\left(\frac{1}{2}\right) = \log 2$$

(3) $t = \sqrt{x^2-1}$ とおくと，$dt = \dfrac{x}{\sqrt{x^2-1}}\, dx$ であるから

$$\int \frac{dx}{x\sqrt{x^2-1}} = \int \frac{dt}{t^2+1} = \arctan\sqrt{x^2-1}$$

$$\therefore \quad \int_1^\infty \frac{dx}{x\sqrt{x^2-1}} = \int_1^2 \frac{dx}{x\sqrt{x^2-1}} + \int_2^\infty \frac{dx}{x\sqrt{x^2-1}}$$

$$= \lim_{\varepsilon \to +0}\int_{1+\varepsilon}^2 \frac{dx}{x\sqrt{x^2-1}} + \lim_{T\to\infty}\int_2^T \frac{dx}{x\sqrt{x^2-1}}$$

$$= \lim_{\varepsilon\to 0}\left[\arctan\sqrt{x^2-1}\right]_{1+\varepsilon}^2 + \lim_{T\to\infty}\left[\arctan\sqrt{x^2-1}\right]_2^\infty = \frac{\pi}{2}$$

本問も極限の計算を次のようにしてよい．

$$\int_1^\infty \frac{dx}{x\sqrt{x^2-1}} = \left[\arctan\sqrt{x^2-1}\right]_1^\infty = \frac{\pi}{2}$$

(4) $\displaystyle \int \frac{dx}{\sqrt{(x-a)(b-x)}} = \int \frac{dt}{\sqrt{\frac{(b-a)^2}{4} - t^2}} = \arcsin\left(\frac{2t}{b-a}\right)$

$$\left(t = x - \frac{a+b}{2} \text{ とおいた．}\right)$$

$$\therefore \quad \int_a^b \frac{dx}{\sqrt{(x-a)(b-x)}} = \left[\arcsin\frac{2}{(b-a)}\left(x - \frac{a+b}{2}\right)\right]_a^b$$

$$= \arcsin 1 - \arcsin(-1) = \pi$$

3.9 比較判定法（定理 3.10）を用いる．

(1) $[0, 1)$ で $\dfrac{1}{\sqrt{1-x^3}} = \dfrac{1}{\sqrt{(1-x)(1+x+x^2)}} \le \dfrac{1}{\sqrt{1-x}}$ であり

$$\int_0^1 \frac{dx}{\sqrt{1-x}} = \left[-\frac{1}{2}\sqrt{1-x}\right]_0^1 = \frac{1}{2}$$

したがって，$\int_0^1 \dfrac{1}{\sqrt{1-x^3}}\,dx$ は収束する．

(2) $x^2 e^{-x^2} \to 0\,(x \to \infty)$ であるから，十分大きな $M>0$ に対し，$x>M$ ならば $e^{-x^2} \leq \dfrac{1}{x^2}$ としてよい．$\int_M^\infty \dfrac{1}{x^2}\,dx$ は収束するから $\int_M^\infty e^{-x^2}\,dx$ も収束し，$\int_0^\infty e^{-x^2}\,dx$ も収束する．

(3) $\dfrac{x}{\sin x} \to 1\,(x \to 0)$ であるから，区間 $(0, \delta]\,\left(0<\delta<\dfrac{\pi}{2}\right)$ で $\dfrac{1}{\sin x} > \dfrac{1}{2x}$ が成立するような δ が存在する．$\int_0^\delta \dfrac{1}{2x}\,dx$ は発散するので $\int_0^{\pi/2} \dfrac{1}{\sin x}\,dx$ は発散する．

3.10 $\sqrt{1+x^3} = f(x)$ とおくと

$f'(x) = \dfrac{3}{2} x^2 (1+x^3)^{-(1/2)}$,

$f''(x) = 3x(1+x^3)^{-(1/2)} - \dfrac{9}{4} x^4 (1+x^3)^{-(3/2)} = \dfrac{3}{4}(4x+x^4)(1+x^3)^{-(3/2)}$,

$f^{(3)}(x) = \dfrac{3}{8}(1+x^3)^{-(5/2)}(-x^6-20x^3+8)$, $f^{(4)}(x) = \dfrac{9}{16} x^2 (x^6+56x^3-80)(1+x^3)^{-(7/2)}$

である．

$y_i = \sqrt{1+x_i^3}$, $x_i = \dfrac{1}{10}i\,(i=0,\cdots,10)$ として，下表を得る．（小数第 6 位未満は四捨五入）

x_i	0	0.1	0.2	0.3	0.4	0.5
y_i	1	1.000500	1.003992	1.013410	1.031504	1.060660
x_i	0.6	0.7	0.8	0.9	1.0	
y_i	1.102724	1.158879	1.229634	1.314914	1.414214	

(1) 台形公式によると

$$\int_0^1 \sqrt{1+x^3}\,dx \fallingdotseq \dfrac{1}{2} \times 0.1 \times (1+1.414214+9.916217\times 2) = 1.112332$$

(2) シンプソンの公式によると

$$\int_0^1 \sqrt{1+x^3}\,dx \fallingdotseq \dfrac{1}{3} \times 0.1 \times (1+1.414214+5.548363\times 4+4.367854\times 2)$$

$$= 1.1114458$$

また，$\displaystyle\max_{x\in[0,1]} |f''(x)| = \dfrac{3}{4} \max_{x\in[0,1]} |(4x+x^4)(1+x^3)^{-(3/2)}| \leq \dfrac{15}{4} = 3.750000$

$\displaystyle\max_{x\in[0,1]} |f^{(4)}(x)| = \dfrac{9}{16} \max_{x\in[0,1]} \dfrac{x^2|x^6+56x^3-80|}{(1+x^2)^{7/2}}$

$$\leq \frac{9}{16}\max_{x\in[0,1]}|x^6+56x^3-80|\leq \frac{9}{16}\times 80=45.00000$$

だから，誤差の限界は，(1)では

$$\frac{3.75}{12}\times\frac{1}{10^2}=0.003125$$

(2)では

$$\frac{45}{2880}\times\frac{1}{5^4}=0.000025$$

である．

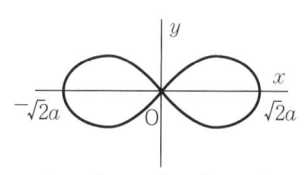

Lemniscate $r^2=2a^2\cos 2\theta$

図 3.16

3.11 (1) $r^2=2a^2\cos 2\theta$ より $\cos 2\theta\geq 0$ であるから

$$-\frac{\pi}{4}\leq\theta\leq\frac{\pi}{4}, \qquad \frac{3}{4}\pi\leq\theta\leq\frac{5}{4}\pi$$

の範囲で考える．y 軸に関して対称であるから，求める面積 S は

$$S_1=2\int_{-\pi/4}^{\pi/4}\frac{r^2}{2}d\theta=2a^2\int_{-\pi/4}^{\pi/4}\cos 2\theta\,d\theta$$
$$=a^2[\sin 2\theta]_{-\pi/4}^{\pi/4}=2a^2$$

(2) $\displaystyle V=\pi\int_0^a y^2 dx=\frac{a^2}{4}\pi\int_0^a (e^{2x/a}+2+e^{-(2x/a)})dx$

$$=\frac{a^2}{4}\pi\left[\frac{a}{2}e^{2x/a}+2x-\frac{a}{2}e^{-(2x/a)}\right]_0^a=\frac{a^3}{8}\pi(e^2+4-e^{-2})$$

$\displaystyle S_2=2\pi\int_0^a \frac{a}{2}(e^{x/a}+e^{-(x/a)})\frac{1}{2}(e^{x/a}+e^{-(x/a)})dx$

$$=\frac{\pi}{2}a\int_0^a(e^{x/a}+e^{-(x/a)})^2 dx=\frac{2V}{a}=\frac{a^2}{4}\pi(e^2+4-e^{-2})$$

（注意） カテナリーは，密度の一様な糸を水平な2点で保持し，自由に垂れ下げたときに，重力によって垂れる糸が作る曲線である．

3.12 (1) $\displaystyle r^2+\left(\frac{dr}{d\theta}\right)^2=2a^2(1+\cos\theta)=4a^2\cos^2\frac{\theta}{2}$

$$\therefore\ l=2a\int_0^{2\pi}\sqrt{\cos^2\frac{\theta}{2}}\,d\theta=4a\int_0^{\pi}\cos\frac{\theta}{2}d\theta$$
$$=8a\left[\sin\frac{\theta}{2}\right]_0^{\pi}=8a$$

$$S_1=2\cdot\frac{1}{2}\int_0^{\pi}r^2 d\theta=4a^2\int_0^{\pi}\cos^4\frac{\theta}{2}d\theta$$

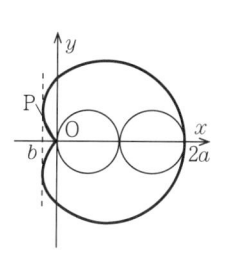

図 3.17

$$=8a^2\int_0^{\pi/2}\cos^4\theta\,d\theta=8a^2\frac{3}{4\cdot 2}\cdot\frac{\pi}{2}=\frac{3}{2}\pi a^2$$

(2) $y_1=b+\sqrt{a^2-x^2},\ y_2=b-\sqrt{a^2-x^2}$ とすると

$$V=\pi\int_{-a}^{a}y_1^2\,dx-\pi\int_{-a}^{a}y_2^2\,dx$$

$$=4\pi b\int_{-a}^{a}\sqrt{a^2-x^2}\,dx=4\pi b\frac{\pi a^2}{2}$$

$$=2\pi^2 a^2 b$$

$$S_2=2\pi\int_{-a}^{a}(y_1\sqrt{1+(y')^2}+y_2\sqrt{1+(y')^2})\,dx$$

$$=4\pi ab\int_{-a}^{a}\frac{dx}{\sqrt{a^2-x^2}}=4\pi ab\left[\arcsin\frac{x}{a}\right]_{-a}^{a}$$

$$=4\pi^2 ab$$

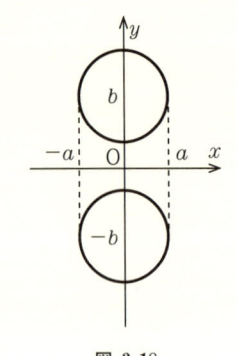

図 3.18

索　引

ア行

アステロイド (asteroid)　*83*
一様連続　*14*
1対1の関数　*8*
イプシロン—デルタ $(\varepsilon-\delta)$ 法　*2, 9*
上に有界　*88*
n 次導関数　*29*

カ行

カージオイド (cardioid)　*85*
開区間　*13*
下積分　*101*
カテナリー (catenary)　*85*
関数　*8*
関数項級数　*46*
ガンマ関数　*73*
基本列　*7*
逆関数　*18*
逆三角関数　*19*
級数　*45*
狭義単調減少　*19*
狭義単調増加　*19*
極限　*1, 8*
極小　*32*
極大　*32*
近似式　*40*
区間上連続　*13*
区分求積法　*53*
区分的連続関数　*53*
下界　*88*
原始関数　*54*
原始関数の線形性　*55*
広義積分　*68*

サ行

高次導関数　*28*
合成関数　*18*
コーシー (Cauchy) の平均値の定理　*34*
コーシー (Cauchy) 列　*7*

サイクロイド (cycloid)　*82*
最大値・最小値の定理　*13*
三角関数　*15*
C^n-関数　*44*
指数関数　*16*
自然対数　*16*
自然対数の底　*4*
下に有界　*88*
収束　*1, 8*
収束する　*68, 69*
収束する数列　*1*
上界　*88*
上積分　*101*
剰余項　*41*
初等関数　*20, 60*
シンプソン (Simpson) の公式　*75, 112*
数列　*1*
整級数展開　*47*
積分可能　*51*
積分する　*54*
積分定数　*54*
積分変数　*51*
絶対可積分　*71*
絶対収束　*71*
双曲線正接 (hyperbolic tangent)　*84*
双曲線余弦 (hyperbolic cosine)　*83*
増減表　*32*

タ行

台形公式　75
対数関数　16
代数関数　14, 60
対数微分法　27
単調減少数列　4
単調増加数列　4
値域　8
置換積分法　58
中間値の定理　13
中点公式　111
定義域　8
定積分　50
定積分の平均値の定理　52
テイラー(Taylor)展開　47
テイラー(Taylor)の定理　40
導関数　23
トーラス(torus)　85
特異積分　68
特異点　68

ナ行

2次導関数　28

ハ行

はさみうちの原理　5
発散　11
発散する　68, 69
半開区間　13
比較判定法　70
被積分関数　51, 54
左側極限値　10
左側微分可能　30
左側微分係数　30
左側連続性　10
微分可能　22
微分係数　22
微分積分学の基本定理　54

不定形　35
不定積分　54
部分積分法　58
部分分数展開　61
部分和　45
平均値の定理　31
平均変化率　22
閉区間　13
ベータ関数　73

マ行

マクローリン(Maclaurin)展開　47
マクローリン(Maclaurin)の定理　41
右側極限値　10
右側微分可能　30
右側微分係数　30
右側連続　10
無限積分　69
無理関数　60

ヤ行

有界　88
有理化　63
有理関数　9, 60

ラ行

ラグランジュ(Lagrange)の剰余項　41
リーマン(Riemann)和　50
輪環面　85
レムニスケート(lemniscate)　85
連続　9
ロール(Rolle)の定理　30
ロピタル(L'Hospital)の定理　36

ワ行

ワイエルシュトラス(Weierstrass)の定理　100

著者略歴

中村哲男（なかむら　てつお）
1969年　東京工業大学大学院理学研究科修了
現　在　東北大学大学院理学研究科教授　理学博士

今井秀雄（いまい　ひでお）
1972年　東京工業大学大学院理学研究科修了
現　在　東北大学大学院情報科学研究科准教授　理学博士

清水　悟（しみず　さとる）
1981年　東北大学大学院理学研究科修了
現　在　東北大学大学院理学研究科准教授　理学博士

基礎微分積分学 I
――1変数の微積分

2003年11月1日	初版第1刷発行
2018年2月25日	初版第9刷発行

著　者　中村哲男　Ⓒ 2003
　　　　今井秀雄
　　　　清水　悟

発行所　**共立出版株式会社**／南條光章
　　　　東京都文京区小日向4丁目6番19号
　　　　電話　東京(03)3947-2511番（代表）
　　　　郵便番号 112-0006
　　　　振替口座　00110-2-57035番
　　　　URL　http://www.kyoritsu-pub.co.jp/

印刷所　中央印刷株式会社

製本所　協栄製本株式会社

一般社団法人　自然科学書協会　会員

検印廃止
NDC 413.3
ISBN 978-4-320-01748-1　Printed in Japan

JCOPY ＜出版者著作権管理機構委託出版物＞
本書の無断複製は著作権法上での例外を除き禁じられています．複製される場合は，そのつど事前に，出版者著作権管理機構（TEL：03-3513-6969，FAX：03-3513-6979，e-mail：info@jcopy.or.jp）の許諾を得てください．

◆ 色彩効果の図解と本文の簡潔な解説により数学の諸概念を一目瞭然化！

ドイツ Deutscher Taschenbuch Verlag 社の『dtv-Atlas事典シリーズ』は，見開き2ページで1つのテーマが完結するように構成されている。右ページに本文の簡潔で分り易い解説を記載し，かつ左ページにそのテーマの中心的な話題を図像化して表現し，本文と図解の相乗効果で理解をより深められるように工夫されている。これは，他の類書には見られない『dtv-Atlas事典シリーズ』に共通する最大の特徴と言える。本書は，このシリーズの『dtv-Atlas Mathematik』と『dtv-Atlas Schulmathematik』の日本語翻訳版。

カラー図解 数学事典

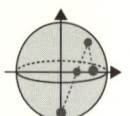

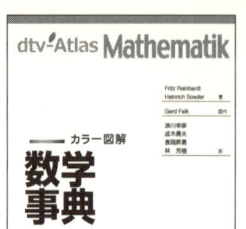

Fritz Reinhardt・Heinrich Soeder [著]
Gerd Falk [図作]
浪川幸彦・成木勇夫・長岡昇勇・林 芳樹 [訳]

数学の最も重要な分野の諸概念を網羅的に収録し，その概観を分り易く提供。数学を理解するためには，繰り返し熟考し，計算し，図を書く必要があるが，本書のカラー図解ページはその助けとなる。

【主要目次】まえがき／記号の索引／序章／数理論理学／集合論／関係と構造／数系の構成／代数学／数論／幾何学／解析幾何学／位相空間論／代数的位相幾何学／グラフ理論／実解析学の基礎／微分法／積分法／関数解析学／微分方程式論／微分幾何学／複素関数論／組合せ論／確率論と統計学／線形計画法／参考文献／索引／著者紹介／訳者あとがき／訳者紹介

■菊判・ソフト上製本・508頁・定価（本体5,500円＋税）■

カラー図解 学校数学事典

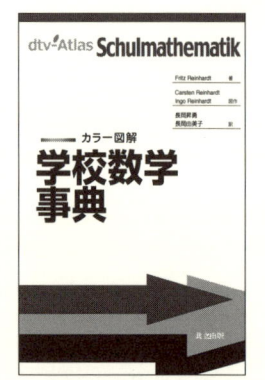

Fritz Reinhardt [著]
Carsten Reinhardt・Ingo Reinhardt [図作]
長岡昇勇・長岡由美子 [訳]

『カラー図解 数学事典』の姉妹編として，日本の中学・高校・大学初年級に相当するドイツ・ギムナジウム第5学年から13学年で学ぶ学校数学の基礎概念を1冊に編纂。定義は青で印刷し，定理や重要な結果は緑色で網掛けし，幾何学では彩色がより効果を上げている。

【主要目次】まえがき／記号一覧／図表頁凡例／短縮形一覧／学校数学の単元分野／集合論の表現／数集合／方程式と不等式／対応と関数／極限値概念／微分計算と積分計算／平面幾何学／空間幾何学／解析幾何学とベクトル計算／推測統計学／論理学／公式集／参考文献／索引／著者紹介／訳者あとがき／訳者紹介

■菊判・ソフト上製本・296頁・定価（本体4,000円＋税）■

http://www.kyoritsu-pub.co.jp/　　共立出版　　（価格は変更される場合がございます）